瀫水如蓝

——信安湖水文化概览

祝世华　主编

中国水利水电出版社
www.waterpub.com.cn
·北京·

内 容 提 要

本书在归总水文化理论研究的基础上，以衢州信安湖为背景，以水文化为重点，按照历史脉络，对信安湖丰富的水文化资源进行了系统的梳理，就信安湖的渡、堰、堤、岸、亭、碑、桥及灌溉工具等物质形态文化，信安河防、三衢治水、水司河湖等制度形态水文化，以及古代水利精神、诗词歌赋、戏曲杂剧、治水名人、神话传说等精神形态水文化进行详细论述，同时对南孔文化传承、治水文化创新、航运古渡繁荣、千年古府发展以及新时期治水和文化创新对幸福河湖和水经济发展的影响进行阐述，为信安湖流域水管理乃至社会发展提供很好的借鉴，具有较强的理论性、史料性、纪实性、可读性和借鉴性。

本书可供水管理机构、水利院校师生进行水文化教育和各级领导水务活动决策时参考，广大社会读者也可从中获得有益的启迪与收获。

图书在版编目（CIP）数据

瀫水如蓝：信安湖水文化概览 / 祝世华主编.
北京：中国水利水电出版社，2024. 12. -- ISBN 978-7-
5226-3054-0

Ⅰ. K928.43

中国国家版本馆CIP数据核字第20240MK552号

书　　名	瀫水如蓝——信安湖水文化概览 HU SHUI RU LAN——XIN'AN HU SHUIWENHUA GAILAN
作　　者	祝世华　主编
出版发行	中国水利水电出版社 （北京市海淀区玉渊潭南路 1 号 D 座　100038） 网址：www. waterpub. com. cn E-mail：sales@mwr. gov. cn 电话：（010）68545888（营销中心）
经　　售	北京科水图书销售有限公司 电话：（010）68545874、63202643 全国各地新华书店和相关出版物销售网点
排　　版	中国水利水电出版社微机排版中心
印　　刷	天津嘉恒印务有限公司
规　　格	170mm×240mm　16 开本　14.75 印张　289 千字
版　　次	2024 年 12 月第 1 版　2024 年 12 月第 1 次印刷
印　　数	0001—1200 册
定　　价	**98.00 元**

《瀫水如蓝——信安湖水文化概览》
编 纂 委 员 会

主　　任：钱志生

副 主 任：朱君才　　祝世华

顾　　问：方自亮

委　　员：吕锦智　　孙路风　　解少凯　　郑泽豪
　　　　　聂　鑫　　戴笑冰　　胡文佳　　柳丹霞

主　　编：祝世华

副 主 编：吕锦智　　房红梅

参　　编：解少凯　　孙路风　　郑泽豪　　聂　鑫
　　　　　戴笑冰　　胡文佳　　柳丹霞　　陈明姣
　　　　　田原榕

供　　图：许　军

序

凌先有

　　我曾两次来到信安湖考察，对信安湖印象颇为深刻。信安湖位于浙江省西部的钱塘江上游，是镶嵌在历史文化名城衢州市的一颗璀璨明珠。衢州周边，有仙霞岭山脉、怀玉山脉、千里岗山脉三面环抱；山岭之间，有衢江、常山江、江山江等九条江在城市中心地带汇聚，乃成信安湖。湖在城中，湖城相依，湖光山色，相映成趣。湖面碧波荡漾，岛墩点翠；湖岸翠木成荫，芦苇成片；湖区以浮石古渡、水亭门城楼等为代表的古代水文化，与以乌引工程、塔底水利枢纽工程等为代表的现代水文化相融合，成为文化氛围突出、景观特色鲜明的人与自然和谐相处的国家水利风景区。衢州的南宗孔庙是全国仅有的两座孔氏家庙之一，铸就了"南孔圣地·衢州有礼"的城市品牌。衢州是全国首批"绿水青山就是金山银山"实践创新基地，2018年获联合国"国际花园城市"称号。第一次去信安湖，便被信安湖的美丽打动，当即写下了一首七言律诗《题信安湖》："钱塘上溯到衢州，满眼秋光不胜收。三岭环绕腾紫气，九江融汇尽绸缪。信安湖上浮石异，阙里街头人语柔。南孔之乡多有礼，青山绿水作机筹。"此诗很快发表在《衢州日报》上。

　　接到《瀫水如蓝——信安湖水文化概览》编纂委员会寄来的书稿，细细品读，更感信安湖历史悠久，文脉深厚，遂写此序。

一

　　信安湖的前世是衢江。衢江为衢州市母亲河，是钱塘江的上游，于山水之间，蓝绿交织，波光潋滟，生生不息。衢江衔接钱塘江之源，浩浩汤汤直奔东海，在空中俯瞰衢江两岸，如一片西南—东北走向的绿叶，叶脉是弯弯曲曲的河流，翻山越岭，横跨时空，流到如今，流向未来。

衢江，古名瀫水，又名信安江，又称信安溪、衢港、西溪等。《水经注》载："浙江又东北流至钱塘县，瀫水入焉。水源西出太末县，县是越之西鄙，姑蔑之地也。……瀫水又东入钱塘县，而左入浙江。故《汉书·地理志》曰：瀫水自太末东北至钱塘入浙江是也。"《方舆胜览》记载瀫水范围："瀫溪，出西安，合江山、常山之水"，及"兰溪，在县南七里，一名瀫水。出于衢，会于婺。二水类罗纹，岸多兰茝，故名"。1998年《钱塘江志》清晰地记载了瀫水的具体河段：常山港至衢县西南郊双港口，右汇江山港后称衢江（唐初于信安置衢州后始称衢江）。衢江沿东北方向下泄，接纳了众多支流，为羽状水系，其中较大的有右岸的乌溪江、灵山港，左岸的铜山源、芝溪、塔石溪，至兰溪市南郊的马公滩，右纳金华江后称兰江。瀫水迸发于钱塘江源头，奔涌向东，两岸翠微樨叶，苍茫青碧，水上千帆竞发，浩渺碧波，蜕变成今日清纯而青春的衢江。

瀫水生信安，信安蜕衢州。《水经注》载："瀫水又东，定阳溪水注之。水上承信安县之苏姥布（浮石潭）。县本信安县，晋武帝太康三年改曰信安。"衢江被称为"信安溪"，最早出现于晋代，《衢县志》载，东汉初平三年（192年），分太末县置新安县，为衢县建县之始。西晋太康元年（280年），因与弘农郡新安县同名，改新安为信安。"信安"二字，取"信义、平安"之寓意，是衢州悠久历史文化的积淀，也寄托了衢州人民对这一方灵逸秀美之地的美好愿景。

二

衢江如瀫，润泽三衢。信安湖作为衢江的核心段，河道蜿蜒纵横，河水清澈澄碧，是衢州灵源所在。衢江河宽水畅，鸿蒙上古，亦是浙西的活力之河，奔涌入海，桀骜难驯。衢州境内多山地丘陵，河流坡陡流急，暴涨暴落。"雨多则苦潦，晴久则苦旱""潦则田庐漂没，旱则遍地生烟"一度是这里的真实写照，衢州城依水而建，衢州的发展史也是衢州人民与水的博弈史。

唐元和十一年（816年）五月，衢州山水害稼，深三丈，毁州郭。

宋绍兴十四年（1144年）衢州大水，城墙冲毁，知州林待聘主持修复。

明崇祯八年（1635年）大水平衢州城门，漂没人畜无算。

……

在一次次与江水的较量中，衢州人的治水经验也在不断刷新，临河而建的古城墙在抵御外敌的同时，也演变成防洪堤的一部分，历经无数次冲刷与重建；在府城西北的德坪坝，由最早的土堤到加石修筑，再到酒坛贮砂置于堤顶固堤，守护了这座城池200余年……城与水的博弈见证着治水历史的不断延伸。

1998年6月19日，因连日暴雨致衢江水位暴涨，部分城区严重受淹，市区德坪坝分洪道过水深达1.2米，城区2300余户民居一楼进水，水深0.8～2米。痛定思痛，衢州市开始分步推进城市防洪工程建设。至2003年，共建设三期防洪工程，初步建立起衢江、江山港、乌溪江等重要地段的防洪体系。2006年年底，水利人在衢江上建成塔底水利枢纽，衢江城区段从而形成了一个面积与杭州西湖相当的信安湖，也被称为"衢州的西湖"。

进入新时代后，在"绿水青山就是金山银山"理念的引领下，信安湖建设越来越受到人们的重视，以水置业、用水塑景、靠水兴城，成为城市建设和发展重要举措。从2011年始，衢州依托乌引工程、塔底水利枢纽工程等项目，以"维护水工程、保护水资源、修复水生态、弘扬水文化、发展水经济"为目标，完成了堤防改造和绿化景观提升，将衢江打造成一段美轮美奂的人工湖泊，并附以"春季樱花浪漫，秋季黄金水岸"的城市滨水防洪堤花园长廊。随后，通过"信安湖国家水利风景区"创建，打造了"古府衢州、严家淤岛、信安落影、朴园农趣、白鹭卢港、柳岸闻莺、蒹葭苍苍、水乡人家、乌溪水韵、静水听风"十大景观节点，为人们提供了集水文化，古城文化，三江口景观、生态文化于一体的旅游度假场所，让信安湖更具人文景观风情和时代魅力。信安湖国家水利风景区也于这一年正式挂牌。

信安湖的诞生，彻底改变了衢江上"潦则盈、旱则涸"这一"看天给水"的窘境。依靠水利部门对上下游各大水库和水利枢纽的综合调度，城区水位得以更为科学地调控，特别是进入秋冬枯水期，"河床变河滩，碧水不复见"的衢江季节性断流旧景不复存在。为了尽可能还原旧日衢江盛景，一批曾盛极一时的衢江古埠、古渡被融入堤防建设后得以呈现出来：在孟郊诗中提及的浮石潭边，建起了浮石古渡水文化主题公园；白居易、王安石、杨万里吟咏的衢江被收录在公园里的衢江诗词文化长廊中，静待游人品读；明清时的浙西水上物流集散地柴埠头被复建起四喜亭码头，寓意"人间有四喜"……随着水亭门历史文化保护街区的开发，水岸联动，让这里成为衢城最热闹的网红打卡点，也让曾经远去的古府衢州、繁华烟火在这里随波涌动，在江水边如昼灯火和鼎沸人潮中渐渐回归。

2022年，信安湖入选了"国家水利风景区高质量发展典型案例"，并于2023年入选"红色基因水利风景区名录"。随着城市发展需求，信安湖面积不断扩大。2023年，衢州市展开《信安湖国家水利风景区扩容规划》，扩容后的信安湖范围约25平方公里，在区块规模、景区功能、城市品牌和文化魅力等方面，都将对接世界一流、中国名湖的标准建设。一座被称为浙江省落差最大的人工瀑布——龙吟瀑已经在信安湖上揭开面纱。这个融观光旅游、文化科普、康体休闲于一体的综合项目是水利衢江治理二期的核心节点，穿越古今，让水利谱写这座千年古府的散文诗，惊艳时光，留待后人细品。

三

漱水文化，源远流长。信安湖那深植于心的"漱水文化"日益彰显，在衢江两岸广泛传播。衢江在几千年的历史长河之中，孕育了华光溢彩的衢州。衢州历史悠久，拥有1800多年的建城史，有文字可考的确切纪年至今已有2485年。古为扬州之域，春秋时始为姑蔑国，后属越国；秦为太末县地，汉名新安，隋称三衢，唐始称衢州。此后千余年，衢州城历为州府路道区的治署所在地，衢州已创建为国家级历史文化名城。6000年前的衢江北部山区，先民们从这里开始刀耕火种，筚路蓝缕，上承徽州文化，下接金华八婺，孕育出别具特色的三衢文化，繁衍了千千万万的衢州子民。千年的文化底蕴在这里积淀，洒脱不羁的南北朝逸风，大气磅礴的唐诗之路，婉约豪放的宋风雅韵，稳重严谨的明清古建……这一切共同形成了独特的衢江水韵，泛舟江上，片帆东渡，江枫渔火，惊涛卷雪，成为衢江永恒不变的情韵。

衢州因水而兴，水到"衢"成。衢州作为浙江的生态屏障、钱塘江源头地区，自西而东的常山港、江山港于此汇入衢江，古老的水文化遍布于瀫水两岸，兴盛于信安湖畔，厚重而独具魅力。信安湖位于母亲河钱塘江源头，瀫水中心段，一泓碧水如玉带般穿城而过，成为衢州文化最集中、最核心和最具代表性的区域。古人云：瀫水因波纹如绉如縠，状若天孙之锦云。这是可考的古人对于衢江之美景最早的褒奖。"小溪泛尽却山行"是瀫水的支流之美，"水色饶湘浦，滩声怯建溪""湍急舟行速，水浅石可携"是衢江的江水湍急，"错疑灌锦水波融，滑笏纹轻绉好风""帘影到池元是水，縠纹浮雨却成溪"是衢江的江涛水浪，"波分彭蠡湖边绿，浪接钱塘江上潮"是衢江的江潮之势，"玉梭飞残半钩日，千尺平铺白如雪"是衢江的日光如练，"炊烟一带江村暮，无数归鸭趁夕阳"是衢江的夕暮村郭……

历史衢江，人文荟萃，文化信安，诗韵绵长。古街古巷，一砖一瓦散发江南水城韵味；浮石救主、衢州"三怪"、帝王滩、鸡鸣古塔、石室堰等人文故事，在历史斑驳中愈加神奇；"梅子黄时日日晴，小溪泛尽却山行""大溪中道放船流，船压山光泄碧游""初到三衢问水城，江乡风物总关情"等诗词歌赋，在这里旷日经久隽永流传……水在衢州社会经济发展及文化体系构成中起到了重要的作用，几千年来，衢州筑堤开河、建闸修堰，千年的治水实践，形成了博大精深、源远流长的水文化，凝聚了古今人民的智慧结晶，迸发出千年的灿烂之花，成就了这座历史文化名城，至今仍是"四省通衢，五路总头"的繁华之所。

信安湖是"南孔圣地，东南阙里"的核心区，信安湖的历史变迁、蓬勃发展，是人民与水博弈的奋斗史，也是水上交通的发展史，留下了衢州古城墙、信安阁、文昌阁、天王塔、水亭门、朝京门、孔氏南宗家庙、赵抃故里、西安门大桥、书院大桥、水亭门码头、浮石古渡、鸡鸣塔、石鼓殿、石室堰等丰富的历史文化古迹，见证着"杨炯治水、谢高华治水、乌溪江引水工程、信安湖治水"等治水兴水历程的辉煌成就，孕育出"南孔文化""乌引精神""铜山精神""艰苦奋斗的红色革命精神""钱塘江诗路"文化，目前信安湖已经成为衢州城市核心水地标，成为钱塘江水文化带上的一颗耀眼明珠。

四

《瀫水如蓝——信安湖水文化概览》以宏阔的视野深入挖掘信安湖的深厚的文化底蕴，如诗如画般地展现了信安湖的各种文化形态。在物质形态水文化方面，全面展现堰坝古渡、池塘水库、堤防护岸、亭台塔桥、农耕灌溉、古井水源等水利工程的水文化内涵。在制度形态的水文化方面，系统整理了信安河的古代水利法规、近现代水利法规、信安湖保护条例等制度传承，挖掘整理出了郦氏勘地掘井、杨炯祈福盈川、石堰蓄水溉田、乌引水润金衢等三衢治水故事。在精神形态水文化方面，深刻阐述瀫水流域的黄老之术与水、儒家哲学与水的关系，提炼出了古代水利精神、现代水利精神，以及水神文化、塔庙文化，整理出反映瀫水的诗词歌赋、散文小说、神话传说、戏曲杂剧等文学作品，以及杨炯、张应麟、马璘、陈鹏年、谢高华文化艺术名人的艺术成就。在水文化传承发展方面，深刻揭示了南孔文化缘起、思想影响、南孔品牌建设，以传承久远的南孔文化，擦亮城市品牌。编者还以深邃的目光，洞察古代治水推动农业发展、乌引治水打通三衢命脉、五水共治撬动两山杠杆、信安治水带动水利兴民等源远流长的治水文化，以及古渡的历史发展、古渡带动商业繁荣、古渡蝶变载运民生等积淀深厚的古渡文化。衢州古府的历史变迁、千年府城的文化繁荣、古城复兴的融合共生等繁盛千年的古府文化，让我们感到瀫水对城市历史文化的孕育和铸造，滋养着城市的繁荣和发展。

《潋水如蓝——信安湖水文化概览》在挖掘整理信安湖的历史文化基础上，着眼于信安湖水文化的创新性发展与创造性转化。信安湖文化是有历史底蕴和独特魅力的地方文化。衢州深入挖掘和传承区域水文化核心价值观，让信安湖水文化在当代社会焕出新的生机与活力。通过创新方式，将信安湖水文化与现代科技、新媒体等因素相结合，实现信安湖文化的传承与发展。守正而不守旧、尊古而不复古，以此推动新时代信安湖文化的繁荣。坚持对信安湖文化传统的尊重和保护，以确保文化传统的延续性，积极拓展其内涵，适应新时代发展的需要。信安湖通过"有礼"这一核心价值观，以其独特的文化软实力，持续释放改革创新动能，彰显绿水青山的价值，以人文复兴推动文化自信，书写"水文化之魂"的新时代画卷，向着宏伟蓝图继续迈进。

信安湖作为钱塘江源头核心区，承载着推动钱塘江诗路文化带向中西部邻省拓展的使命。通过编制《衢州市钱塘江诗路文化旅游带规划》《"衢州有礼"诗画风光带概念性规划》《"衢州有礼"诗画风光带市级示范段 26 公里景区化改造控制性规划》等系列规划，构建多规融合引领诗路建设的发展格局。依托南孔文化底蕴，构建"南孔圣地·衢州有礼"城市品牌，挖掘衢州"开放、包容、多元、和谐"的人文之源，塑造对自然有礼、对社会有礼、对历史有礼的"有礼"形象。依托诗画风光带建设，迈出实现共富衢州步履，擦亮衢州古城。以美丽经济幸福产业为重点，高质量谋划推进项目建设，通过造场景、造邻里、造产业，实现有人来、有活干、有钱赚，凸显"自然味、农业味、乡村味"，构建诗画风光带，推进未来乡村连片发展，使衢州成为了诗画浙江大花园中最耀眼的花环。

五

文化是一个国家、一个民族的灵魂，文化兴国运兴，文化强民族强，没有高度的文化自信，没有文化的繁荣兴盛，就没有中华民族伟大复兴。习近平总书记先后对保护传承弘扬利用水文化作出一系列重要指示批示，明确提出统筹考虑水环境、水生态、水资源、水安全、水文化和岸线等多方面的有机联系，为水文化建设提供了根本遵循和行动指南。党的二十大报告明确指出："推进文化自信自强，铸就社会主义文化新辉煌。"水利部于2023年提出开展水利遗产调查保护，大力宣传推广水文化，推进水文化建设不断取得新进展新成效。"十四五"时期浙江省持续深化治水文化研究，凝练浙江水利精神，基本建成浙江水文化建设体系，进一步扩大水文化的传播力、影响力，成为"浙水安澜"核心品牌的重要标识。衢州市坚定文化自信，提升城市文化软实力，充分挖掘保护利用衢江深厚的水文化积淀，灙水两岸水文化进一步丰富，信安湖水文化在衢州市水文化中的核心地位不断凸显。

近年来，衢州市发掘古代"身执耒耜，以民为先，抑洪治水，三过家门而不入"的大禹精神，探寻当代信安湖的"乌引精神、铜山精神"，感悟古今治水人一脉相承的精神内核和价值追求，从展示灙水古堰、古渡、古堤等经久不衰、膏壤千里的神奇魅力，到呈现当今信安湖治水"功在当代，利及千秋"的巨大功效，领略古今治水遥相呼应的天人合一、人水和谐的科学理念和文化动因，进行信安湖水文化建设。未来的信安湖，将对标"杭州西湖"建设，凝结三衢大地人们的智慧结晶，集文旅度假、运动休闲、文创办公、缤纷生活于一体，建设古代与现代呼应、城市与山水交融、民俗与生活丰富、景观与文化结合的富春山居美丽场景，将信安湖周边区域打造成具有中国高度、世界格局，集"水绿共生、文化沉浸、身心疗愈、主题体验"多功能于一体的旅游区域，让信安湖成为世界一流的城市地标和历史文化美丽风景区。

《灙水如蓝——信安湖水文化概览》以"南孔圣地·衢州有礼"为城市品牌，以建设"信安湖水生态文明"标志性水文化载体为目标，礼敬和铭记水文化历史，传承和彰显水文化精神，将信安湖遐迩闻名的经典工程、罕世绝伦的文化珍品、引人入胜的传说故事、浩如烟海的水利历史、异彩纷呈的诗词歌赋予以收集、采撷、梳理、整编，向全国乃至全世界展示"信安水韵，衢州印象"。衢州市信安湖水文化书籍出版项目是信安湖水文化提升工程中的重点，该书的出版，对于"十五五"时期水文化重点工程和《衢州水网建设规划》中水文化建设规划具有指导意义。本书将河湖范围内重要的水利遗产、文物保护遗存、涉水文学、水利文献等予以挖掘和展示，为衢州乃至浙江水文化建设提供借鉴和宝贵经验，从而持续发挥水文化建设的创新精神和示范作用，体现中国名湖信安湖的耀眼风采和品牌魅力，实现文化兴城，助推高质量发展和共同富裕，提升百姓水岸生活的安全感、认同感、获得感和幸福感。

瀫水如蓝穿越古今，信安映秀惊艳时光。期待信安湖承载着水文化的力量，为诗画信安、儒梦衢州留下浓墨重彩的历史画卷。

（凌先有，中国作家协会全国委员会委员、中国水利文协副主席，原水利部离退休干部局局长、党委书记）

信安湖水系概况

　　信安湖位于浙江省衢州市中心区,是衢州市内的一个人工湖泊,因衢州市塔底水利枢纽工程的建设而形成。2006年塔底水利枢纽蓄水后,市区形成了6.2平方公里的城中湖面,被冠以"信安湖"之名。信安湖范围内共涉及6条水系,分别是常山港、江山港、衢江、乌溪江、庙源溪和石梁溪。2006年,信安湖主湖面长约12公里、宽300～500米、平均水深2～5米,贯穿衢州城区。水域由两大部分组成,即衢江城区段和乌溪江下游段。这里生态环境良好,风景秀丽,已经被评为国家水利风景区。景区水域穿绕衢州市柯城区和衢江区,"湖在城中",将衢州城和信安湖有机地连在一起。

　　近年来,随着衢州城市的不断发展,信安湖面积不断扩大。2023年,衢州市开展《信安湖国家水利风景区扩容规划》编制工作,扩容后的信安湖范围为乌溪江向上延伸至黄坛口水电站,常山港延伸至黄塘桥枢纽,江山港延伸至坑西湿地,并纳入柯城"最美两溪",东至安仁铺枢纽下游江心岛,纳入衢江港区等周边功能性设施,划定水域及岸域边界,统一纳入国土空间规划管控。信安湖扩大范围后面积约25平方公里,其中临水线内水域面积(不含江心岛和鸡鸣)19.1平方公里(其中常水位水面面积为14.1平方公里);岸域面积约10.9平方公里(其中江心岛和鸡鸣区域面积为5.9平方公里,临水线内岸域面积5.0平方公里)。规划后的信安湖集"安全、生态、景观、人文、管护、富民"等要素于一体,将成为浙江省全域幸福河湖"千明珠"标志性工程,并成为衢州幸福母亲河(湖)的典范。

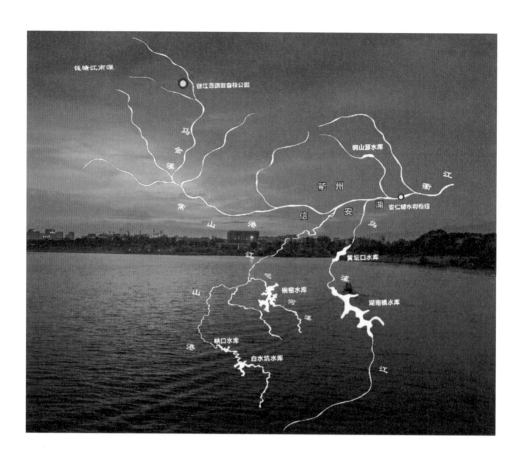

钱塘江南源

钱江源国家森林公园

铜山源水库

衢州

马金溪

安仁铺水利枢纽

衢江

信安湖

常山港

安

乌溪

黄坛口水库

碗窑水库

湖南镇水库

江河溪

峡口水库

白水坑水库

江山港

江

信安湖赋

方自亮

　　浙西名郡，信安古都。扼据四省，荣声三衢。楚疆旧服，殷殷舞凤之意；太末新任，历历雕龙之殊。佛老同观，遂起王皇二址；烂柯异述，后兴金石八区。越土吴墟，不尽昌亡自叹；陈酒昏昃，从来聚散相吁。玉洁冰莹，铁面藏于琴鹤；日遮月翳，忠情溢于图书。圣庙四迁，依仁弗断；雄师两战，与义不孤。伟乎方公，揽清风至涸落；勇乎吕将，寒敌胆以疾呼。文焕坚心，甘危躯于末路；长庚折节，从正气于中涂。皎皎大人，素启溟远；悠悠舆地，久鉴时徂。

　　吾衢当浙上游，物产丰沛；水系交错，土风维新。多色江山，天时垂象；阜安百物，水利降神。俎豆青松，常念盈川之德，禾黍溪流，永记白马之仁。姜席去思，不忍县官之别；德坪遗爱，犹怜堤工之贫。武德文成，时咏毛渐之誉；财丰水定，多怀原吉之辛。鹏年典刑，施于西安之治；高华风骨，昭于金衢之民。而今赓续其妙者，则非信安湖不能胜也。

　　丙戌冬辰，塔底讫事；成湖蓄水，福祚无疆。礼贤卧波，观春秋于长乐；文昌隔浦，征岁月之未央。帝王滩边，相传从龙之事；孝悌故里，曾忆居庐之常。浮石公园，呈治迹于朝色；水亭门处，见民风于晚妆。青龙码头，赋诗画以独秀；鸡鸣湿地，存生态以多方。喷泉景、光影秀，落落乎黎元讴颂；大禹鼎、国字号，堂堂乎率土称扬。业精惟勤，力行"两山"之论；政施尚切，专定一湖之章。巍乎盛哉！

　　予观夫衢州胜状，在信安一湖。三江共合，乃浙西之巨泽；二美钟会，实华中之高风。鸥鹭行飞，看鱼阵之欢跃；旗亭望远，对云天之万重。澄水如蓝,江花胜火;春山叠翠,秋影度钟。洛曲流杯,成风月之胜域;兰舟共乐,结人间之仙踪。猗与美哉!蜀凿离堆,稍逊溉浸之益;魏引漳水,当愧纗利之功。因水兴城,均食货之有信;即地存古,抚道心以感通。汲水烹葵,思闲静之生意,鸣琴鬞鹤,体物动之玄空。以文化人,悟须臾以真性;缘情推理,得平常之雍容。诚循钧天之机,力复黔首之命;不废先人之业,莫遏后途之穷。骑与盛哉!《易》曰通变致久,请看千秋之伟业;《诗》云旧邦新命,试腾万里之高鸿。

(方自亮,字晓明,号九里居士、沐尘,浙江浦江人。中国水利文协水文化工作委员会副主席,曾任浙江省水利厅河道处处长)

目录

序

信安湖水系概况

信安湖赋

第一篇 物质形态水文化

第二篇 制度形态水文化

第三篇　精神形态水文化

第四篇　水文化传承发展

第一篇

物质形态水文化

第一章
西堰落花津

第一节 堰 坝

　　堰坝是古代蓄水工程和引水工程的壅水建筑物，距今有 5000 年的历史。远古时期人们就依水而居，古代衢县由于地理位置、水资源空间分布不均、作物生长不调等原因，开启了借助水利设施实施人工灌溉和排水排涝的时代。拦河筑坝，开渠引水，灌溉农田，供给人们生活用水的堰坝逐渐形成，对经济发展和社会文明起了重要作用。随着历史的发展，科学技术的进步，这些工程有的被水库、塘坝代替，有的至今仍在农田水利上发挥着重要作用，经久不衰。

　　堰坝根据材料可分为土坝、木坝、草土坝、灰坝、木笼填石坝等，根据筑坝方式可分为砌石坝、砌石夯土混合坝、支墩坝、堆石坝等。衢江古堰多用块石、砂卵石、竹木、柴草及黄土修筑，易受洪水损毁，"时筑时圮，不能垂久"（《衢县志·碑碣志二》）。

　　衢江辖区内有文字记载的古堰有宋代东迹堰（杨赖堰下游，灌田 3.7 万余亩❶）、草鞋堰（又名砝石堰，灌田 2000 亩）；元代桃枝堰（灌田 10 万余亩）；明代和平堰（又名吾平堰，灌田 1 万亩）、轮胎堰（又名吕塔堰）、青石堰、清潭堰、千斤堰（灌田 3 万余亩）；清代有王郑堰；另有黄岩堰、章堰等建设年代不详。这数十座古堰坝贯通了衢县府城南北的供水"大动脉"，带动了衢江农业发展。

　　其中，东迹堰与石室堰、杨赖堰均为乌溪江古水利工程，史称衢州"三堰"。

---

❶　1 亩 ≈ 0.067 公顷。

一、东迹堰

东 碛 滩

[宋] 杨万里

江船初上滩，滩水政勃怒。船工与水斗，水力拦船住。

琉璃忽破碎，永雪迸吞吐。竟令水柔伏，低头船底去。

朝来发盈川，已过滩十许。但闻浪喧阗，未睹水态度。

却缘看后船，偶尔见奇处。从此至三衢，犹有滩四五。

东迹堰位于杨赖堰下游，距离乌溪江东迹渡铁路桥上游 500 米，目前还能看到部分堰坝遗址。据《衢县志》记载，东迹堰（图 1-1）修建于南宋时期，相传由南宋西安（衢县）县丞张应麟倡导修筑。东迹堰分主堰、子堰两部分，主堰拦截乌溪江水，长 268 米，高 2.1 米，为临时性堆石坝；子堰在袋口以下，始建于清代，长 100 米，1956 年改建为永久性砌石坝。总渠长 8.35 公里，干渠 5 条，总长 11 公里，引水流量 1.5 立方米每秒，灌溉樟潭镇三口畈 1 万余亩。东迹堰除了灌溉农田，还有水运之利。每年春夏之交的丰水季节，乌溪江上游的柴、炭、靛青、茶叶、竹木制品等山货装船外运，木排、竹筏沿江而下，均需经东迹堰运至樟树潭码头，然后转运外地销售。但因灌溉需要每年需要封堰，便会影响船只、木排通航，历史上曾因灌溉和船筏通航抢水，多次发生水利纠纷。

图 1-1　东迹堰旧址

故而，为东迹堰制定用水规矩，事关国计民生。据《衢县水利志》载，为调节农田灌溉与船筏通航的用水矛盾，官府多次明确规定东迹堰封堰、开堰日期。如每年农历四月初一封堰，九月初一开堰。清康熙三十六年（1697 年），县令陈鹏年改为每年六月初一封堰，八月初一开堰。清康熙四十四年（1705 年），经省院批复，仍定四月初一封堰，九月初一开堰。清康熙四十八年（1709 年）及嘉庆二十一年（1816 年），府、县衙门两次立碑，限定每五日闸水一日。现存东迹堰石碑为嘉庆二十一年（1816 年）所立，结合文献资料考证，碑文大意为："东迹堰'乃四十四、五、六、八庄二十余村（今樟潭街道三口畈一带）之水利命脉'，'养活数万生灵'，灌区'计完国课（税）三千余两'"。

新中国成立后，先后建成红凉亭、童家山水库。1986—1987 年，先后三次进行了粮食专项资金补助，改造和延长了东迹堰水岸渠线，提高了渠道标准，灌区用水条件有明显改善。1988 年年底，东迹堰上游建成闸桥电站，设计水头 8 米，因尾水位壅高，实际水头仅 7 米左右；为保证电站出力，规划经东迹子堰引水 1.5 立方米每秒灌溉三口畈，工程竣工后，东迹堰主堰废弃，自此影响千年的东迹堰退出历史舞台，只留下东迹堰诗词故事传颂在河湖之间。

二、石室堰

浮　石❶　即　事

［清］陈鹏年❷

江郭春残雨乍晴，恰乘微雨看春耕。孤村响送樵风暖，十里青浓麦浪平。
到处重檐闻疾苦，隔年傲吏减逢迎。香山遗迹停轩处，揽辔真惭瀫水❸清。

自古以来，衢州人"择水而栖，择江而居"，与水紧密相连。庞大的水网构成了衢州的骨架，它们泽被千载，孕育出这方土地上厚重的人文历史。至今存世的三衢古代第一堰——石室堰（图 1-2），有着博大精深、绵延不绝的历史底蕴，讲述着衢州因水而兴的璀璨历程。

石室堰，以烂柯山石室而得名，位于乌溪江下游，距城区 12 公里，为宋乾道二年（1166 年）西安县丞张应麟主持兴筑（因张应麟骑白马舍身成仁的典故，又称白马堰），是衢州古代最大的水利工程。据民国《衢县志》记载，石室堰原堰长 20 多公里，直通衢州城区，号称灌田十万八千亩，是古代乌溪江山区木材和山货进衢城的重要交通线，也是沿渠居民重要的生活环境用水的供水水源。旧时石室堰有 72 条沟，汇成东南北三大濠，再引濠水入城形成内河。

---

❶　浮石：衢州地名，旧时衢江边有浮石潭，因此得名，明清时期在衢州城北置浮石乡。

❷　陈鹏年：衢州古代治水能臣，曾主持修复石室堰。

❸　瀫水：衢江古称。

图1-2　古石室堰图（引自民国《衢州府志》）

图1-3　1950年石室堰旧照

石室堰自南宋建设以来多次改建，初在黄荆滩上，为篾笼卵石堰体；至明代，因衢州的农田灌溉已主要靠陂堰引水，明弘治十二年（1499年）郡守沈杰引石室堰水入护城濠，于小南门城门濠中架木吊桥。现衢城上、下街的名称来历，大约以石室堰引水渠道入城河的地势决定的。清嘉庆五年（1800年），石室堰河床被砂石淤塞，随开随闭。嘉庆九年（1804年）十月，郡守那英根据士民请示将石室堰改建于上游三里处的响谷岩下，另开袋口与渠道引水入旧沟。堰水直达城南大濠，又引入城中维持内河水源，堰沟可通船筏。1955年，石室堰（图1-3）被大水冲毁，衢县人民用900多只篾笼进行加固。1956年冬，石室堰移于黄陵堰上游深潭处。1958年，黄坛口水电站开始发电，石室、黄陵、杨赖三堰合并一堰，堰址在黄陵堰，引黄坛口水电站部分发电尾水入渠。后衢州化工厂又对该堰进行扩建，水流量增加3倍。

历代官府对石室堰累加修管，改址重建，现石室堰的堰坝地处黄坛口水电站下游，西靠九龙山，东为长柱源、乌溪江汇合处，堰渠沿九龙山底由南至北向下游延伸，至今仍发挥着重要作用。

石室堰为衢州古代最大的水利工程，原堰长 20 多公里，直通衢州城区。旧时石室堰有 72 条沟，汇成东南三大濠，再引濠水入城为内河。旧志说，石室堰灌溉面积达 20 万亩，是"一邑之关系"的大堰。

石室堰的管理工作历代由官府指定堰长监督堰务。堰长下设堰夫 72 人，担负岁修。至清康熙三十六年（1697 年），西安知县陈鹏年按灌水田亩，分为 10 甲，设堰长 4 名，由 10 甲各派人轮值充当，"详请道府批允勒石，永为成例"（《衢县水利志》）。同时还议定每年六月初一封堰，禁止私放竹、木，以防泄水。八月初一开堰，以利灌溉与航运。后因春耕播种需要，改为四月初一开堰，九月初一封堰。此外，陈鹏年废除堰长供应差役酒食的旧规，疏通城濠，在小南门外建立分水闸，使石室堰水平时入濠，旱时开闸放水，灌溉东门外雄鸡畈农田，人称此闸为"陈公闸"。

对石室堰的管理，历代都非常重视，实行堰长负责制。1923 年，因堰务积弊太多，于是组织三堰事务所统一管理。事实上，石室堰在历史上多次因筑坝灌溉和船筏通航发生纠纷。1926 年，木商上控至省府，由省长夏超呈复联帅司令部，讼事方告停歇。1956 年，衢县水电局专门成立石室堰管理所、石室堰指挥部。

如今，石室堰依然发挥着重要的水利作用，堰渠从进口沿九龙山底由南至北向下游延伸，途经横路、桥头、响春底、缸窑、巨化集团公司等地至柯城区衢化街道普珠园村，全长 7.5 公里，是市区重要的供水工程，其主要功能为巨化集团公司、衢州智造新城、市自来水厂用水以及沿线数万亩耕地农业灌溉用水提供保障，同时也是衢州市区、南片重要的防涝、排水渠道，对沿线的经济发展起着重要作用。

第二节 古 渡

渡口、码头是以船渡方式衔接两岸、上下游的水路交通所在。衢州水路，唐宋时已畅达，明清时已成规模：以城为中心，上行江山、常山、开化，可抵皖赣，接滇黔；下行龙游、兰溪，可通温州、越州、明州、秀州、处州、婺州诸州，经京杭大运河连北方诸省，是浙江、福建、江西、安徽四省边际交通枢纽和物资集散地，素有"四省通衢、五路总头"之称。据《衢州府志》记载，衢江干、支流古渡有 103 个。较有名的有华埠渡、招贤渡、水亭渡、浮石渡、青龙渡、樟潭埠、盈川渡、安仁渡、上塘渡等，这些渡口分布在母亲河衢江两岸，孕育出了别具特色的三衢文化。

古渡类型众多，有官渡、民渡、义渡和野渡之分，在没有大桥的岁月里，人们过江只能依靠码头船渡。衢江河流众多，在陆运交通极不发达的古代，水上交通成为衢州重要交通形式，人们出行、货物运输大部分依靠水上交通。出行设施主要有作为货物装卸的码头、摆渡人员过河过江的渡口和人们日常出行停靠小船的河埠头。

信安湖境内较有名的古渡（图1-4）较多，如唐代的樟潭古渡、青龙码头，南宋时期的水亭门码头，明朝时期的浮石古渡、东迹渡，1929年建的四喜亭码头，几经历史变迁，浮石古渡、青龙码头都已消失在历史的长河之中。

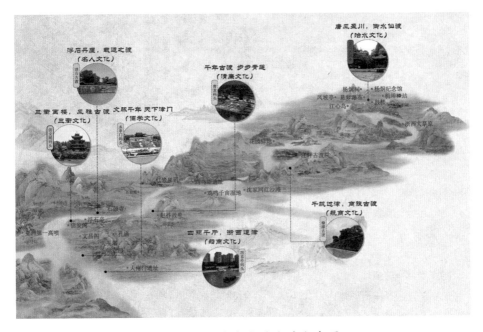

图1-4　信安湖主要古渡分布图

一、樟潭古渡

樟潭古渡（图1-5）位于衢州市衢江区新城区，离衢城东郊8公里许，靠近乌溪江与衢江汇流处，因江边樟树生长众多，水位幽深如潭而得名。康熙《衢州府志》记载："潭深不可测，长可十里。"樟潭古渡具有天然水深港坞，是古时水运的优良码头。

在民国《衢县志》中称："樟潭市"为"衢县第一商市"，是衢江久负盛名的木材集散地，上通遂昌、江山、常山、开化，下达兰溪、建德、杭州、嘉兴、湖州等地。樟潭古渡旧时系乌溪江流域放运木排的专用埠头，自唐代至1950年，古埠分上、中、下三埠。上埠为土产百货集散地，中埠为客轮划船停泊处，下埠系木材、毛竹、木炭囤积港。清光绪年间至抗战胜利后，樟

图 1-5 樟潭古渡

树潭木行经营兴盛时期，木行发展多达 30 余家。木头的上下塘、木排的改装、重扎、吊排看守、放运等劳力达数千人之多。木排多时，由樟树潭埠头一直吊放至盈川。福建省西北，本省遂昌、江山、常山、开化、江西婺源、皖南等地的木材和毛竹经乌溪江、江山港、常山港流放于此停泊。1930 年前后，渡工工资渐由天后宫支付，渡口成了义渡。天后宫有田亩，为当地大姓林家捐赠。民国末，渡工工资筹措方式发生改变。一是由樟潭店铺给红包；二是谷熟时，渡工拿一包烟丝（俗称四角包）给打稻农夫，然后从稻方（稻桶）内取谷。樟潭义渡有渡夫数名，两船对开。新中国成立后，义渡归衢县港航管理处管理。随着铁路、公路的长足发展，加之黄坦口、湖南镇兴建水力发电站，木排运输改道，沈家大桥建成后，樟潭义渡繁华不再，樟树潭千年古埠也成为历史陈迹。

此外，樟潭既是商贾云集之地，也是英雄重镇，更以重视教育文化为人称道。这里留下了朱元璋于樟潭躲避陈友谅追杀的故事，也留有"九姓渔民"的风俗传说。此外，早在百年前就兴办樟潭学堂，开设英语课，以开放的姿态拥抱世界，时刻影响后人，三衢名师林科棠和女杰英烈林维雁父女就出生和生活在这里。如今的樟树潭，古樟木参天，最久远的古樟树高 25.6 米，跨越 600 多年，见证了樟潭的历史变迁；樟潭古渡沿线依然能看到江氏节孝牌坊（图 1-6）、清代建筑的天后宫（图 1-7）等遗迹，这些古木古街、遗址遗迹，诉说着久远的故事，留下了属于樟潭的特别乡愁和记忆。

图 1-6　江氏节孝牌坊

图 1-7　天后宫

二、青龙码头

在衢江浮石潭与沙湾江渚水泊的汇水之东，水面平静，潋波荡漾，因此古人在此选址建造了官埠"青龙码头"。青龙码头以四象之首"青龙"命名，青龙一词出自《淮南子》卷三载"天神之贵者，莫过于青龙。故青龙成为四象之首"，寓意清正廉洁，风调雨顺，吉祥如意。历史记载了当年李唐王朝重设衢州建置的盛唐时期，太祖曾孙李祎从长安到衢州任刺史时，官员们到衢江浮石潭青龙码头迎接的盛况。

史料记载，青龙码头（图 1-8）位于衢江南岸、城北七里，今浮石二桥位置。青龙码头为唐太宗派遣大臣周美在衢州选定的官码头，是衢州最古老的官码头，自古有"文官下轿，武官下马"，来衢上任的官员都在青龙码头上岸进入衢州。唐朝大诗人白居易曾跟随在衢州担任通判的父亲在青龙码头迎来送往，17岁的他，对青龙码头信安湖的美景十分喜爱。因此晚年回到洛阳，依然写下了三首《江南好》，其中夸赞江南风光最为出名："江南好，风景旧曾谙。日出江花红胜火，春来江水绿如蓝，能不忆江南？"经考证，这首千古名诗就是赞叹青龙码头处信安湖面的风景。

民国《衢县志》记载的"沿城水埠"，其中排列在第一位的便是"青龙码头"，原文写道："青龙码头，城东北三里余。有青龙亭，前代钦差大宪及新任官员，率于此致迓登陆进东门，以为吉。督抚大阅，则由此往大校场。"可惜文中所提及的"青龙亭"与"青龙码头"在三衢大地已经消失，仅在地方文史资料中有所提及，青龙码头与青龙亭始建于何时今已无考。但从白居易《岁暮枉衢州张使君书并诗因以长句报之》诗中可知，青龙码头是唐代古埠。据老渔民所述，20世纪50年代初，青龙码头仍然存在。至今，附近徐家坞、书院沙湾等村落的老农民和老渔民仍称之为青龙码头（青龙渡）。青龙码头在民国时曾经历过两次修筑，新中国成立后又进行了一次修缮。码头旁有小屋凉亭、泥墙头、

图 1-8 俯瞰青龙码头

黛青瓦，两边设门通行，亭屋内倚墙摆放着固定的木长凳，可坐20多人。

从唐代到当代历经1300多年历史，建成后的青龙码头就一直屹立在衢江浮石潭南岸的沙湾村边，与这座千年古村落同命运，共存共荣。

三、水亭门码头

水亭门码头（图1-9）位于衢州市柯城区府山街道衢江中路，是衢州国家级儒学文化产业园核心区的重要组成部分，也是古城的中央休闲区和市政府倾力打造的AAAA级景区主景点。"不识水亭门，枉为衢州人"，它就像一本书，不动声色地将曾经的风雨烟云嵌入字里行间，等待着人们去细细品读。

图 1-9 晴空下的水亭门码头

据《衢州地名志》记载："因古城外码头水坪上建有卷雪亭。衢江水从亭下流过，故俗称其为水亭门。"而民间传说"站在城门楼上往西远看，城门楼，卷

雪亭和江水，门亭水三点一线。倒过来读，就是水亭门"。水亭门又名水停门，也可以解释为水只能停在城门外，绝对不能让水进城的意思。该城门依衢江而建，是衢州城墙上众多城门中的一座，曾名大西门、朝京门。城门楼上的楼阁名为西胜楼，为衢州九楼之一。历史上的水亭门是城内水患重地，自古就有"水亭街，街停水，水亭街上涨大水"之说。

水亭门码头的历史可追溯到南宋高宗建炎二年（1128 年），孔子第四十八世孙、衍圣公孔端友率支族一路风尘仆仆，护驾宋高宗南渡，最终定居宋高宗所赐安家之处衢州。水亭门码头与衢江的水运兴衰历史紧密相连，城楼用于抵御水患，穿过水亭门城楼，就是码头。作为浙江、福建、江西、安徽四省商贸的重要通岸口，水面上千帆竞渡，商贾如流。脚夫人抬肩扛，码头人来人往，熙熙攘攘，清波绿水之中，白鹭青鸟的江南水乡恬美之色，跃然于眼前，而龙舟争渡、渔舟唱晚的美景正是当年水亭门码头的风光所在。

千百年的发展，使水亭门形成了纵横交错的"三街七巷"格局。现如今，水亭门成为了衢州市传统风貌建筑最集中、历史文化遗存最丰富的景区，街区内共有全国、省、市重点文保单位 14 处，历史建筑 36 处，建筑风格和街巷肌理保留完好。区内散布着庙宇、宗祠、会馆、城楼、古迹及成片的传统民居。如今的水亭门历史文化街区以"儒学文化"为背景，以"南孔朝圣地，中国水亭门"为目标，置入休闲体验、文创零售、餐饮美食、艺术空间、美体养生、VR 科技、国学书院、酒店客栈等业态，成为"城市旅游、文创商业"的时尚聚集地。

四、浮石古渡

浮石古渡位于衢江南岸、城北五里，与浮石官渡毗邻，处冲路要津。这里原无官渡，已历数百年。浮石古渡因浮石潭而得名，潭中水深流急，两块巨石突兀其中，即为浮石（图 1－10）。浮石形态别致，从不同角度看形态各异，或像两片帆影在水波中飘摇，或似一对情人在窃窃私语。

浮石的来历有两种说法，一种说法是因朱元璋躲避追兵，被宽阔的衢江拦截，正当仰天长叹"天亡我也！大丈夫可杀不可辱！今日之事，唯有一死后已！"之时，江中突然浮现两块奇石，朱元璋因此得救，两块石头也被称为神石，自此一直浮在衢江江心永不沉没，这里从此被称为浮石潭。另一种说法是曾经有一对夫妇靠打鱼为生，乐善好施，不时搭救失足落水和贫困的过河之人，八仙之一铁拐李为试这对夫妇真心，化作脏臭的跛脚乞丐渡河，夫妇俩背其上船渡江，到对岸后铁拐李现出原身，并赐夫妇俩仙糟二枚，两人食后，遂沾仙气，神清气爽。铁拐李念其真诚忠实，戏言夫妇俩真乃"两石头人"，话音落，夫妻已化为两块石头，此后这里也被称为浮石潭和浮石渡口。

图 1-10 浮石古渡浮石旧照

"浮石潭边停五马，望涛楼上得双鱼。"时任杭州刺史的白居易与任衢州刺史的好友张幸隔江而望，一边是衢江上的浮石潭，另一边是杭州的望涛楼，两人虽身处异地，却情深意长。"翠澈递明灭，清溪泻欹危。"屡试不第的孟郊来到衢州寻找心灵慰藉，有感于江上浮石之奇特，留下这首《浮石亭》，此后被后人刻成了石碑，立于江畔浮石亭中，浮石亭也因此被人们称为"孟公亭"。1956年，江上公路建成，增设人力汽车渡口，渡口即埠头。1964年，浮桥和渡船交替使用，为便于汽车过渡，又建埠头，其宽40多米、长100多米。1971年，衢江浮石一桥建成，渡口埠头仍存，后逐渐废弃。

如今的浮石古渡，经过修复提升后还原了古渡原本面貌，紧邻古渡旁是信安湖水文化主题公园。公园引入了月季，以月季两层花语——幸福、光荣为主题。花期时，或仪态万千或雍容华贵，或清新淡雅或肆意生长，引得游人纷纷驻足，繁花惊艳的背后离不开水利人的巧思和匠心。这里也成为了人们获得幸福感、体验感的高品质亲水节点。

五、东迹渡

衢州素有"四省通衢，五路总头"之称，衢杭古驿道是衢州通往浙东地区的一条主要通道，从衢州城经梨园、乌溪桥、沈家、麻车、王公桥、樟树潭、卢家、排门等村一直通往杭州，出了衢城东门后要先过东迹渡才能走上这条古驿道，因此，东迹渡被时人称为城东第一渡。

东迹，古名东蹟，"蹟"同"迹"，故今称东迹渡，因位于衢州城东十五里

之乌溪江（古名东溪、定阳溪）东岸而名。东迹港自古滩险流急，舟楫、筏排竞发，至鸡鸣山下合于衢江。

据《东迹沈氏家谱》记载，沈氏家族祖宗原住衢城南市街，太祖太公于明洪武二十一年（1388 年）迁居乌溪江江东十里官道（今沈家）定居。沈家村沈庆源说："相传很久以前，沈家还是一片荒滩，沈氏定居三年之后才有叶姓迁到麻车定居，之后又过了二三年，沈氏太公从湖州带来杨姓定居于现杨家。那时樟树潭人烟稀少，而后才逐日增多。以前全旺、横路、龙游方向来往客商到衢州城必定要经过沈家智光寺，走过沈家街再过东迹渡往东入城，衢州城东门至沈家间距约十华里，古称衢东十里。"

古之东迹渡属于通衢大道上的官渡，主要功能为沟通邮驿、便利商旅，它位于现在的航民望江园西北角。西边渡口是乌溪桥村，东边渡口是航民望江园。如今，沈家老一辈的人还是习惯称东迹渡东渡口为"车站"，因为新中国成立前，衢龙公路开通后，凡进入衢州、江山、常山方向的各种车辆必须经过东迹渡，所以在渡口辟有专门场地用于停放车辆，因此又叫汽车站。新中国成立后，在东迹渡上游大约 1.7 公里处建造了东迹渡大桥。随着大桥的建成，渡口慢慢地失去了它的作用，现在只有沈家村的村民，为了到江对岸橘园里干活，仍借助摆渡过江。

东迹渡周边建有沈姓、叶姓、杨姓三姓族人规模宏大的宗祠，仅次于樟树潭埠头的人口集聚地。2019 年衢宁铁路桥建成，2021 年铁路货场专用桥通车。如今的东迹渡沿线，平行的五座铁路桥十分壮观，除了东迹铁路老桥，还有浙赣铁路复线、衢宁铁路、衢州铁路货场专线。

六、四喜亭码头

四喜亭码头（图 1-11）位于衢江东岸、衢城小西门。旧称四喜亭码头，为石砌踏步埠头。衢江上游开化、江山等运衢的柴炭在此起水上岸。新中国成立初期，埠头边仍木排绵延，六七百米宽的衢江上，排筏数里，横亘江面。四喜亭码头之名来源于宋代传说，寓意为："久旱逢甘霖""洞房花烛夜""他乡遇故知""金榜题名时"四喜。

2011 年，四喜亭游船码头正式开工建设，作为信安湖景区的重要组成部分，于 2012 年 11 月完工。项目总投资 1025 万元，总用地面积 13606 平方米，改造防洪堤 99 米，绿化面积 11433 平方米。

如今，四喜亭码头有码头 1 座，泊船位 4 个，客服中心一幢，亮化、给排水等相关配套设施齐全。码头建成后对推进信安湖水上旅游开发，提升衢州城市品位，完善城市旅游功能，实现与周边旅游互补，打造水清、岸绿、景美的国

家水利风景区起到积极作用。

图 1-11 四喜亭码头

第二章
镜湖水如月

新中国成立后，在党和政府的领导下，衢县人民发扬自力更生、艰苦奋斗的精神，开展了大规模水利建设，先后建成了一大批蓄水工程。

自 1950 年至 2001 年年底，全县共新建、扩建小型水库、山塘 7420 座，总蓄水量 9321 万立方米，灌溉面积 28 万余亩。其中小（1）型水库 21 座，正常蓄水量 4465 万立方米；小（2）型水库 95 座，蓄水量 2457 万立方米；山塘 7304 处，蓄水量 2399 万立方米。建有大型水库铜山源水库 1 座，总库容 1.71 亿立方米，正常库容 1.21 亿立方米。

同时，境内还有十里丰农场所属水库、山塘 18 座，蓄水量 1183 万立方米。国家投资兴建的湖南镇和黄坛口两座电站水库，总库容 21.64 亿立方米，正常库容 16.64 亿立方米。

大批蓄水工程的建成，对改善工农业生产和城乡生活用水条件，提高人民生活质量，保障人民生命财产的安全，促进国民经济和社会发展起到重要作用。

第一节　池　　塘

一、菱湖

菱湖，位于衢州古城东北隅，以湖中植菱得名，唐代称泽塘、东湖，宋代称菱塘，明朝末期始称菱湖。菱湖曾经是府城最耀眼的明珠，坐落在峥嵘山麓、新桥街旁衢州孔氏南宗家庙思鲁阁后的花园中，湖面宽阔、碧波荡漾，亭阁轩榭、古木奇石与府山相映成趣，构成了四季隽美景色，犹如小版的"杭州西湖"，是见证衢州千年变迁的古湖，也是衢城的文脉传承之所和文人聚集之地。

早年的菱湖是府山北麓的一片湖泊和沼泽洼地，菱湖成为衢州内湖的时间，与衢州筑城时间接近。据《吴越备史》记载，"三年……夏四月……是月，城婺州"，又"唐天祐三年（906 年），吴王钱镠曾命衢州刺史陈璋修建州城"，由此推测，作为抵御陶雅部东侵的衢州城墙动工时间应不晚于婺州城墙的修建时间，即不晚于唐天复三年（903 年）四月，彼时菱湖也便成为衢州城的内湖。

《衢州地方志》中云："菱塘在东隅察院之左。旧志塘阔近百亩，中有长堤数十步。环池岛屿萦纡，竹树茂密。"可见当年衢州城北的那一湾修长的萦湖碧波，溟蒙霖霖，烟云霭霭，渔歌唱晚，荣辱偕忘，这就是当时的菱湖。按照《衢州府志》可推得菱湖应当是一块近 7 万平方米的水域，以平均水深 4 米来计算，便估得储水 28 万立方米，按照每亩水稻需灌溉 2 吨水来算，可够 14 万亩水田灌溉一年，依《宋史》载端平年间西安县（府城所在）人口 38991 人来计算，则可够饮用 5 年，更不用说 300 年前的人口规模应更小，更加证实了前文关于战略储水的猜想。

北宋末衢州城建成后，将菱湖分为南、北两个湖，亦称内、外湖。南湖又称芙蓉湖，北湖岸延伸至北城墙附近。芙蓉堤上有月波桥贯通南、北菱湖。菱湖也是衢州古城水系的一个组成部分，对防止城市内涝起到蓄水调节作用。其水源来自南岸东河，河水经由大马坊（现衢州博物馆位置）从菱湖南岸流入湖中，湖水从北城墙水门洞和东城墙水门洞排入城外护城壕沟。彼时的菱湖东临城垣，西达今化龙巷，北抵原衢师院内，南连新桥（沿岸有洗马塘、止马湾），水域广阔。

1. 鼎盛时期

古代文人墨客、达官贵人在菱湖周边建园设居众多，据史料记载："晋殷浩流放信安，见湖水凝碧，择地修宅。""唐信安郡王李祎，常泛舟娱乐其中。""金紫光禄大夫翰林院大学士陆费，建别墅于斯。"白居易父子、杨炯、于邵、李观等朝廷命官和爵士文人也先后设园；五代南唐光禄卿毛巽、大理评事毛让兄弟先祖卜居湖滨；北宋宣和三年（1121 年），新任知州高至临主持扩建州城，城垣延续至今。

宋代时期，社会经济文化空前繁荣，菱湖胜景成了爵臣志士们筑宅的首选之地。据南宋洪迈《夷坚志》、明弘治《衢州府志》等记载，古菱湖面积近百亩。烟波浩渺桃柳绿，湖中岛屿芙蓉堤，亭台楼阁，山水相依，乃城东一大景观。宋室南渡后有大批达官贵人和官员在菱湖建有别墅园林，更有朱熹、陆游、李清照、杨万里等文坛大宗在衢州往返，这股建园之风在南宋后期达到了极致。宋理宗赵昀诏拨 36 万缗（10 万缗＝1 亿文铜钱）白银兴建南宗家庙，"枕平湖，以象洗泗；面龟峰，以想东山"，南宋"东南三贤"朱熹、吕祖谦、张南轩曾在更碧楼、明正书院等讲学，可见当时衢州文风繁盛，正如南宋诗人周密所言："绿净池台，翠凉庭宇。醉墨题香，闲萧横玉尽吟趣。"南宋时期，菱湖迎来了她人生的"巅峰时刻"。

2. 衰而复振

南宋末年（1276 年），永康人章惛率众起义，纵火烧毁了峥嵘山、菱湖一带大部分建筑；元代的江南也是战乱不止，从元初衢州境内的农民起义到元末常遇春攻入州城的 83 年间，光攻陷府城的战事就达到七起之多。长期的战乱与元王朝的横征暴敛，导致衢州人口锐减，经济、社会、文化衰退，菱湖随着城市的渐衰而沉寂。明嘉靖十七年（1538 年），李遂被谪迁衢州任知府（《明史》记载，李遂曾"三迁衢州"），李遂是王阳明的弟子，深知教育可以提高黎民素质，上任后即在菱湖北岸创办衢麓讲舍（克斋书院）。明弘治十二年（1499 年），新任知府沈杰移雄撤闸，疏浚立表，初步完成了重新构建城市河网与恢复菱湖的任务。明代中期开始，菱湖衰而复振。四川巡抚徐可求（同进士出身）、徐应秋父子建成葵园（亦称葵圃），内分 16 个景点，景色优美，是衢州城最著名的园林建筑，徐可求曾作"葵圃十咏"诗传世。

自南宋至明代，由于菱湖位于峥嵘山下，水质优良，山水风光交相辉映，吸引了历代文人佳士、名宦富贾环湖筑庐居住，加之文人墨客题咏吟唱，菱湖成为衢州城名胜，闻名遐迩。史料记载有虹桥晓雪、雪斋冬趣、水国秋韵、壶中天宇、更碧倩影、水云梦境、退庵梵音、翠岭环胜等"菱湖八景"。

3. 垦湖为田至消失

从明清战争、三藩之乱一直到太平天国运动，衢州一直都是长期拉锯的重点战场。清同治元年（1862 年）正月十五日，浙江巡抚左宗棠由源率军逾大铺岭入衢州，为抵抗太平军的长期围城，左宗棠下令填湖改田，抢种水稻，以解军粮之困，千百年名胜地菱湖毁于一朝兵乱之中，清胡森对此发出了"菱歌何处水烟灭，瑟瑟斜阳秋草红"的感叹。

菱湖垦湖为田后，又称塘田垄，湖塘湿地逐渐消失。20 世纪 90 年代初建成的青少年活动中心就是菱湖南岸弥陀寺后面的湖塘。紧接着，衢城展开了大规模的城市改造。古菱湖及湿地统称垄塘畈，在旧城改造成片开发之下，昔日碧水清波、烟波浩渺的菱湖最终退出了历史的舞台。今新桥街孔氏家庙、衢州市实验学校教育集团菱湖校区等处留存有大小不一、如明珠闪光的池塘，即为古菱湖倩影。其中，保存最好的便是孔庙的那一湾小池。正是这孔府花园的小小池塘，默默守留了衢城的千古文风，让我们时至今日仍能依稀间瞥见属于古菱湖的碧影烟踪。

"菱歌何处有，一片断云流。"菱湖有灵，庇佑吾民。菱湖美，美在风光，美在历史，更美在精神。今天的菱湖虽然没有了往日的碧水烟波，但菱湖文化和遗迹犹存，使菱湖文化真正成为南孔文化的组成部分，发扬光大，生生不息。

二、县学塘

县学塘（图 2-1）位于衢州古城的中部、柯城区府山街道县学街社区县学

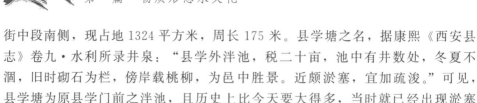

街中段南侧，现占地 1324 平方米，周长 175 米。县学塘之名，据康熙《西安县志》卷九·水利所录井泉："县学外泮池，税二十亩，池中有井数处，冬夏不涸，旧时砌石为栏，傍岸栽桃柳，为邑中胜景。近颇淤塞，宜加疏浚。"可见，县学塘为原县学门前之泮池，且历史上比今天要大得多，当时就已经出现淤塞现象。另据考证，清代县学在宋代为西安县文庙，为学生读书处。据此推断，县学塘在宋代即有。

该塘西北角立有一长方形标志碑，上刻"县学塘"三个大字，右侧刻"白布鬼"衢州三怪之一，左侧刻"癸亥年仲春立"落款。塘南侧现建有三开间歇山顶小轩，北侧建有六角攒尖顶白练亭，塘北面、西面边沿设置石质栏杆，西南角建有一座小桥。

"一卷聊斋名天下，三怪传奇出衢州"，这是县学塘北侧白练亭上所撰的对联，相传衢州有"三怪"，于钟楼、池塘边出没，其中一塘（即县学塘）边，夜出白布一匹，如匹练横地。过者拾之，即卷入水。据称，"白布鬼"被城池守护之神城隍收服，县学塘从此恢复平静。故事记录在著名文学家蒲松龄所著《聊斋志异》第十一卷《衢州三怪》之中。

图 2-1　县学塘

县学塘水面逐年缩小，几近被填平建房。1979 年 10 月，县学塘整修，清除塘内淤泥 500 立方米。2001 年，衢州市在旧城改造时又对其进行了清理疏浚，改建为城区市民公园，池中植荷花，周有石栏，岸铺草坪，杂以桂树、红枫、黑松、香樟等，并建仿古轩"白练亭"，成为城市水景观。县学塘周边

立有塘长牌、县学塘标志牌，并建成县学塘党建主题文化公园，保存和使用现状较好。

三、蛟池塘

蛟池塘位于蛟池街社区蛟池街西头，因塘中原种植茭白得名。因"茭"与"蛟"谐音，故称"蛟池塘"，也称"茭池塘"。据民国《衢县志》载："茭池塘，明统志茭池在府城，中产茭，姚志疑别一池，非是。今在夫人庙前，俗误蛟池塘。"

蛟池塘因"衢州三怪"而闻名。衢州城民间曾有一段神话传说：远古塘中一蛟常浮出水面伤害人命，百姓深恶痛绝，柴童子闻之，孤身潜入铲除恶蛟。清蒲松龄《聊斋志异》载："又有鸭鬼，夜既静，塘边并寂无一物。若闻鸭声，人即病。"所指就是蛟池塘。相传鸭鬼（鸭怪）是王母娘娘瑶池中的一只"老鸭精"，趁着瑶池无人看管之时偷偷逃至衢州的蛟池塘中。据称，后来"鸭鬼"亦被城隍收服。

蛟池塘曾经面积广大，包括今日南湖菜场后方的建乙塘周围，直至城南的城墙根下。蛟池塘前为蛟池街，其余三面均建有楼房及民居，所在蛟池街曾名西长街，位于市区中心地段。由于衢州城的历次扩建，原先荒凉的蛟池塘渐渐成了市中心，水塘也缩小到篮球场般大小。而与蛟池塘紧邻的蛟池街人气旺盛，对于年轻人来说，这条老街就是衢州的一条时尚街、买手街，一家家装修精致的各式风格店面，嵌在一座座老式居民楼中。据《衢州地名志》记载，蛟池塘周边还是衢州大姓龚氏的聚居地。

1981年5月，蛟池塘曾整修，2003年再次整修。现蛟池塘长18米，宽8.106米，深约5米，呈长方形，占地面积145.91平方米，塘四周青砖构筑，塘边施水泥栏杆。

四、建乙塘

建乙塘（图2-2）位于衢州老城区建乙巷与九曲巷交界处。古代建乙塘是蛟池塘的一部分，后蛟池塘中段被填土造房，一分为二出现了一个新塘，即"建乙塘"。古时候建乙塘里，水最清的时候，月亮最圆、最大、最亮，故又名见月塘、"建月塘"。民国《衢县志》也有相关记载："建乙塘，一作建月塘，在鲁儒坊北。"

现代人也许嫌"见月塘"的名字太空灵，塘里的月亮再大也是虚的，久而久之，"见月塘"的名字就消失了。另有一说，早些年建乙塘水面比较宽阔，每天日出之时，太阳倒映于水面，所以就叫"见日塘"。"见日"与"建乙"方言

图 2-2 建乙塘

谐音，因而又有了"建乙塘"的叫法。

1983 年 6 月，建乙塘曾整修，清除污泥 623 立方米，整修塘坳 91 米，池塘面积 648 平方米。2003 年再次整修，池塘面积减至 528 平方米，水源由南湖引入。经过系统治理后，建乙塘保存环境状况良好。四周建有石砌护栏，北侧池边设景观石，东北为一健身广场，树木繁茂，并设有塘长牌。西侧为民居，东侧为商铺，整体上环境较为整洁，池水较为清澈，成为当地公共休闲、集会、健身的活动空间。

五、南湖

南湖位于柯城区衢江东岸，东西走向，长约 1.2 公里，南北最宽处有 70 米，分东、中、西三段，是柯城区雨水调蓄、泄洪干道、生态调节的重要水域景观。旧时南湖水与衢江相通，船只可直接驶进河道中。现在西段（南湖西路段）建设为公园，湖中种荷花，滨湖植被绿化完善，并建有观景亭台。中段和西段也沿岸修建步行道，可供当地居民或外地游客游览观赏。旧城改造时，曾计划填平南湖用以建设，后经历史文化界强烈呼吁，多方奔走呼号，最终使此片水域得以幸存。

南湖为衢州古城南濠，在古城南翼形成拱卫之势。这是一条人工开凿的河道，为宋代引石室堰水入城开挖的引水渠，是衢州古城防御体系的一个重要组成部分。清康熙《衢州府志》载，石室引水至城南汇聚成濠，过魁星闸后便入南濠（即今之南湖），再分两股从城墙的水门入城形成内城河，内城河分为西河、东河，汇合后出城往北濠（今之斗潭湖），当时衢城水系路路相通，兼具运输、调节洪水、城防等多种功能。

现今南湖桥正南面在明代以前为一段城墙，1933年浙赣铁路通车后，为方便交通，在城墙上豁开一口，称为"新城门"，南濠上架起一座石墩木面的两孔桥，即为最早的"南湖桥"。南湖上的两个城门之一的大南门，古称礼贤门，门外有街名曰礼贤街，即以"礼"赋名。一种说法是衢州建城官员尉迟敬德，曾在此门外迎接恩师；另一种说法是江山县曾经称作礼贤县，此门通礼贤故得名。大南门边是目前唯一保留的瓮城，大南门沿南湖向东不远处有小南门，即通仙门。通仙门上原有魁星阁，为衢州八阁之一。据传住在仙霞岭、烂柯山的神仙在此出入频繁，故名"通仙门"。

1949年后，衢州城内城河陆续填为街路，由此南北两段城濠由河成湖，之后始有南湖、斗潭湖之称谓。20世纪50年代后，南湖黑泥淤积，面积不断缩小，2000年之后，南湖周围的工厂和居民逐步搬迁，加之疏浚彻底，南湖始有今日之清澈。湖滨公园内有座六如亭，上书对联：鸟衔春来枝上弄，鱼推月向水边吞。这副对联，真实反映了市民们对疏浚改造之后的南湖公园之喜爱。

南湖现已与衢江隔绝，但其仍为柯城区内重要的滨水空间，东西水面开阔，为城市增添了不少水韵。南北两岸为繁华街道，居民众多，商场、酒店、会所林立，生活交通方便。南湖中段北边有大南门遗址公园，是国家重点文物保护单位。湖上又有重建的南湖吊桥，再现厚重的历史文化风貌。南湖与柯城相得益彰，人水协调相处，总体环境条件良好。

六、斗潭湖

古代城池，有城必有池。《衢州市志》云："衢州城河由外濠和内城河组成，相互贯通。具有护城、引水、排水、灌溉、泄洪等多种功能。"濠，亦称护城河，是由人力挖掘、围绕城墙的人工河。衢州城河分为护城河和内城河（亦称内河）两部分，至今仍保存较完整的城中湖泊水景斗潭湖、南湖即为古之护城河，是衢州整个城市水系的重要组成部分。

斗潭湖在古城北侧，西起德坪坝，东达府东街，全长1170余米，占地面积3.64万平方米，水域面积2.09万平方米。因地势较低，历来作为衢江遇到特大洪灾时通过德坪坝调峰泄洪保护城区安全的区域。每当洪水暴涨时，德坪坝即被滔滔江水淹没，而后江水进入斗潭护城河，历经数百年的冲击，曲折如星斗，深处成潭，故名斗潭。

2005年，为提升城市品位，市政府结合城市水系改造，开始整治斗潭河。拓宽河岸，除去河底污泥，再对整个河床用石灰消毒，然后用鹅卵石铺砌河底，两岸周边均用石块筑成堤岸，跨湖修筑步行石桥，又从东门引进乌溪江活水。曾经"泽国燕啄泥，荒草秋风低"的斗潭湖，成了供市民休闲游览的斗潭公园。2017年，斗潭公园第二次改造提升，以斗潭湖为核心景观带，重点实施城市书屋、环河智能绿道、河中绿岛、府城地雕改造、亲水平台、生态驳岸等系列项目。

现今的斗潭湖，在新修筑的德坪坝护卫下，水淹已成历史。依湖而建的斗潭湖公园，绿树成荫、曲径通幽，是市民闲时休憩、散步的好去处。春时杨柳万千，夏日荷花绰约，秋来桂香盈鼻，冬时暖阳斜照，让人流连忘返。

第二节　水　　库

水库工程是集蓄水、灌溉、发电、养殖、调节气候、供给生产生活用水、改善航运条件的综合水利工程。衢州市现有468座水库，其中大型水库5座，中型水库18座，它们承担着防洪、供水、灌溉、发电、休闲景观等多重功能。

信安湖范围内先后兴建了众多水库枢纽，最著名的如湖南镇水库和黄坛口水库（湖南镇水库和黄坛口水库为乌溪江一级和二级水库，合称为乌溪江水库）、乌引水利枢纽、闸桥水电枢纽、塔底水利枢纽等，为浙西地区城乡建设和工农业生产发挥了重要作用。而通过水利建设理念的不断转变，在"安全、生态、美丽、高效"的目标要求下，湖南镇水库、黄坛口水库等一批生态品质优越、文化品位独特的水库风景区脱颖而出。

一、湖南镇水库

湖南镇水库（图2-3）位于浙江省衢州市衢江区境内，截断钱塘江支流衢江的支流乌溪江而成。发源于仙霞岭山地，流域是浙江省生态最为原始的区域，崇山峻岭，山水交融，周边保有大面积原始森林。湖南镇水库为乌溪江第一级水库，上游有昌县住溪、周公源、洋溪源、金竹溪，汇入衢江区境内，西岸有航埠溪汇入，东岸有举埠溪汇入。水库于1970年兴建，1983年竣工，库容15.82亿立方米，电站装机4台，总容量17万千瓦，多年平均发电量5.6亿千瓦时，保证出力5.37万千瓦，在电网中主要担负调峰任务。水库枢纽由混凝土梯形支墩坝、5孔坝顶溢洪闸、4孔中孔泄洪洞、发电输水隧洞及引水式电站组成。水库大坝坝高129米，坝顶高程242米，坝长440米，水库总库容20.67亿立方米（相应水位240.25米），正常库容15.82亿立方米（正常水位230m），死库容4.48亿立方米（死水位190.0m），以全超高方式设置防洪库容5.5亿立方米。

湖南镇水库防洪能力提升工程拟将汛限水位由228米调整至230米，水库征地标准5年一遇洪水，水库移民标准20年一遇洪水。该工程还将处理库区防汛

图 2-3　湖南镇水库

道路的建设。项目实施后，有效提升流域防洪能力，有效缓解钱塘江流域内杭州、金华、衢州等地的防洪压力，整体提升流域防洪能力，有效化解区域水资源供需矛盾。

湖南镇水库汛期限制水位达到 230 米，调节库容增加 8200 万立方米，功能得以充分发挥，现有水资源存量被盘活，可以为构建浙中配水大动脉，实现由湖南镇水库向金华、义乌等地供水提供可靠的水资源保障，有效提升流域生态环境品质。湖南镇水库常水位提高后，可增加水域岸线长度，为湿地公园建设、湖山地区生态环境品质提升以及乌溪江流域下游河道生态供水提供重要支撑。

湖南镇水库在浙江省排名第三，仅次于新安江水库和滩坑水库。从空中看，湖南镇水库像一棵树，树干不粗，枝杈众多，枝条遒劲，极尽弯曲，是典型的深谷水库。湖南镇水库尾闾深入高山部分形成的峡谷有嶙峋之态、雄奇之势。特别是周公源入库段，山体高耸，绝壁林立，河道犬牙交错，蜿蜒曲折，几字大弯，荡气回肠。库岸高水位和低水位之间裸露着红色的土地，与碧蓝的湖水形成了鲜明的对比，在湖光山色之中，气势宏伟。

二、黄坛口水库

黄坛口水库（图 2-4）为乌溪江流域两级开发的第二级水库，是中华人民共和国成立初期国内最早自行建设、装机容量最大（3 万千瓦）的混合式水电站，1992 年扩建后装机容量达到 8.20 万千瓦。据《衢县水利志》记载："黄坛口水库工程于 1951 年开工，后两次停工，1956 年复工续建，1958 年 4 月开始蓄水，作为浙江最早的一座中型水电站开始发电。"

图 2-4　黄坛口水库

黄坛口水库大坝位于石室乡黄坛口村，控制集雨面积 2484 平方公里。大坝呈西向东走向，坝基地质属花岗斑岩，左岸下层为凝灰质泥化页岩。主坝为混凝土重力坝，高 44 米，坝顶相应吴淞高程 120 米，顶宽 5.2 米，长 152.5 米。副坝为黏土斜墙坝，高 35 米，顶长 300 米，大坝溢流段净宽 105 米，由 10 扇宽 10.5 米、高 10.7 米的弧形钢闸门组成，溢流堰顶高程 105.5 米，最大泄洪能力 11050 立方米每秒。水库设计总库容 1.04 亿立方米，正常库容 0.848 亿立方米。

1979 年，湖南镇水库建成后，黄坛口水库已无调洪任务。部分发电尾水供石室堰灌区、乌溪江引水工程灌区及衢州化学工业公司和城区用水。库区淹没土地 1181 亩，移民 2752 人，淹没处理费共 42.63 万元。

黄坛口水库建设历经艰辛与曲折。时值新中国成立初期，衢州人民白手起家，在地质调测不周、水文资料不足情况下，边设计、边施工。经过艰苦奋斗，他们终于完成了这一艰巨的大型水利工程，为新中国水电建设积累了丰富的经验。作为新中国水电事业的发源地，黄坛口水库的建设培养了一大批水电人才，他们后来奔赴新安江、富春江、黄河、长江、闽江等各大水电建设工地，继续为国家的水电事业贡献自己的力量。

黄坛口水库是一座集防洪、发电、灌溉为一体的中型水库。坝体规模大，设计科学，被誉为"浙江第一颗夜明珠"。其建成后，形成了九龙湖、环形岛、湘思岛等旅游景区。水库兼有航运、养鱼等综合效益，经中国水产科学研究院考察后，认为具有南方养殖冷水鱼难得的资源优势，是国内最适合养殖鲟鱼的地方。2006 年，柯城区打造出中国最大、世界一流的集繁殖、养殖、加工、出口和休闲为一体的鲟鱼产业化基地，其鱼子酱产量居亚洲第一，出口到法国、德国、西班牙、美国、日本等 20 多个国家，不仅登上了德国汉莎航空的头等舱，还亮相奥斯卡晚宴，有效带动当地农民增收 1000 余万元。

三、乌引水利枢纽

乌引水利枢纽，即乌溪江引水工程（简称乌引工程），为长江以南规模最大的引水项目，是集农业、工业、生态、发电、旅游和人民生活用水于一体的大

型综合性水利工程。

衢州自古多苦难，岁岁洪涝岁岁旱。唐元和四年（809 年），大诗人白居易写下了撕心裂肺的诗句："是岁江南旱，衢州人食人。"真实地记录了衢州大地遭受干旱的严酷情景。斗转星移，沧海桑田，当新中国的历史翻到改革开放的新纪元时，新时期的衢州人民以新气魄、大胆识，在衢南大地上描绘了一幅衢州历史上史无前例的"乌引"蓝图。

1989 年 8 月 8 日，乌引工程正式开工建设，在以改革先锋谢高华等一大批"乌引人"的率先垂范下，衢州人民风雨兼程战山河，双手凿开千层岩，用 4 年多艰苦的"逆天改命"创造了奇迹。

乌引工程干渠，拦截乌溪江，飞越灵山江，横跨金衢盆地 10 条大溪，洞穿18 座大山，总长达 82.7 公里。架设了 6 条渡槽，建成了 5 处倒虹吸，还完成了430 多处小型建筑物，挖填土石方总量达 730 余万立方米，工程浩大艰巨，被称为"江南红旗渠"。干渠每年可向灌区供水 9000 万立方米，它的建成从根本上解决了衢州南部地区 55 万亩农田严重干旱缺水的问题。

乌引工程建成后，滔滔江水灌溉柯城区、衢江区、龙游县 11 个乡（镇），为沿线东港、沈家、下张和龙南等工业区供水，从根本上解决了衢州市南部地区严重缺水的状况。乌引工程建成运行 30 多年来，灌区累计引水达 25.8 亿立方米，向金华供水 1.5 亿立方米，已成为衢南经济发展的一条命脉，其水资源也成为衢州市招商引资、工业发展的优势，为衢州经济社会发展作出重大贡献。

如今的乌引工程已经成为美丽景点。全线完成干渠绿化 40 公里，春有花、夏有荫、秋有果、冬有绿，工程干渠成了名副其实的"绿色长廊""生态长廊"。三十年来，乌引工程在衢州南部一直守护滋润着这座城市，时代的洪流滚滚而过，走过衢州大地，似乎还能依稀听到建设乌溪江引水工程时人们情绪高昂的劳作声，这一份跨越艰难险阻的水利工程值得被历史深深铭记。

四、闹桥水电枢纽

闹桥水电枢纽位于乌溪江下游，衢州市绿色产业集聚区东港街道闹桥村，渠首枢纽工程在柯城区石室乡崇文村附近，发电厂房在下张乡闹桥村，是境内乌溪江干流梯级开发的第四级电站，也是全市首座低水头大流量水电站。

1977—1978 年，衢县水电局进行电站的勘测和初步设计。1985 年后，衢州市水电设计室继续完成渠首枢纽工程、引水渠道及电站拦污栅、前池、溢流堰等建筑物设计。1986 年浙江省水利水电勘测设计院完成电站设计，1987 年 1月，渠首枢纽工程完工，12 月引水渠道建成，试通水成功，电站投入试运行。1991 年 12 月，经市水电局组织设计、施工、管理单位和省、市有关单位的竣工验收后，电站正式投入正常发电。

闸桥水电枢纽由渠首枢纽工程、引水渠道、压力前池、厂房和尾水渠组成：①渠首枢纽工程位于乌溪江下游，黄坛口电站下游 7.2 公里处，柯城区石室乡崇文村附近，左邻巨化集团公司滨江生活区。②引水渠道，从渠首进水闸开始沿乌溪江右岸走向北，途经开元寺、沙埠、姜家、清河滩至闸桥村，全长 5091米。③压力前池，在引水渠末端，利用原有水塘扩建改造而成。进口有拦污栅和溢流堰，堰顶高程 72.24 米，堰长 45 米。④厂房，由主、副厂房组成。主厂房长 41 米，宽 10.26 米，高 9.3 米，建筑面积 420.66 平方米。副厂房在主厂房下游侧，建筑面积 254.34 平方米。⑤尾水渠，出口宽 70.49 米，渠底高程由尾水管出口 60.65 米，经倒坡至 63 米，出口与乌溪江衔接。

闸桥水电枢纽承载着衢州"水电文化"精神，从"新中国水电事业"出发，秉持了"自强不息，勇于超越"的文化精神，点亮了衢江水电枢纽这颗明珠。闸桥水电枢纽是衢江水利事业绿色发展的实践者和践行者，自电站正式投入发电以来，效益显著，在擦亮衢江水文化名片、打响水文化品牌、加快创建一批水文化载体上做出突出贡献，是衢江水电事业和全域幸福河湖建设的重要工程。自枢纽建设以来，带动了周边农文旅等融合产业的发展，通过水利事业推动经济富民和共同富裕示范区建设。

五、塔底水利枢纽

衢州境内多山地丘陵，河流坡陡流急，暴涨暴落，"潦则田庐漂没，旱则遍地生烟"一度是这里的真实写照，依水而建的衢州城与绕城而过的衢江博弈相生。

据史料记载，唐元和十一年（816 年）五月、宋绍兴十四年（1144 年）、明崇祯八年（1635 年）衢州均发大水，城塘冲毁，田淹稼毁，牲畜漂溺无数……

1998 年 6 月 19 日，因连日暴雨、衢江水位暴涨，部分城区受淹严重。痛定思痛，衢州市开始分步推进城市防洪工程建设。至 2003 年，共建设三期防洪工程，初步建立起衢江、江山港、乌溪江等重要地段的防洪体系。

为解决衢州蓄水灌溉等问题，塔底水利枢纽（图 2-5）于 2003 年 10 月开工建设，2006 年年底塔底水利枢纽主体工程完工，2012 年 12 月通过水利厅组织的竣工验收。衢州塔底水利枢纽工程位于钱塘江中游、衢州市城区下游、衢江与乌溪江汇合口下游约 350m 的衢江河段。工程为Ⅲ等工程，是浙江省、衢州市重点工程，以水电开发和改善衢州市城区水环境为主，兼顾航运与改善灌溉条件。塔底水利枢纽运行期间，因橡胶坝汛期频繁塌坝泄洪，坝袋磨损严重，对衢州水环境和水力发电造成较大影响。

图 2-5 塔底水利枢纽

2013 年，水利部门展开信安湖水系改造提升工程，遵循"道法自然"的理念，在满足防洪功能的前提下，对塔底水利枢纽工程和信安湖水系岸线进行整体提升，工程保留了原始河道的生态曲线，并建起一座"春季樱花烂漫、秋季黄金水岸"的防洪堤公园，让一座城因一个湖而生动起来。

2016 年，衢州启动塔底水利枢纽橡胶坝改造工程，工程改造后大大提高了工程运行安全度，泄洪闸运行灵活可靠，有效提升库区上游两岸供水、灌溉保证率，确保了衢州城区信安湖水面景观稳定。此外，有效改善了衢州市城区的水环境，沿江两岸城市景观更加秀美，城市居民的生活品质大幅提高，还促进了城市旅游业的发展，社会效益显著；并能为地方电网提供优质电能，为衢州恢复杭衢游轮游创造了有利条件。

通过塔底水利枢纽工程的建设，衢江城区段形成了一个面积与杭州西湖相当的人工湖，因衢州旧称信安郡，得名信安湖，主湖区水域面积 6.2 平方公里，总长约 18 公里，2023 年扩容后已经达到 25 平方公里。信安湖的诞生，彻底改变了衢江上"涝则盈、旱则涸"这一"看天给水"的窘境。依靠水利部门对上下游各大水库和水利枢纽的综合调度，城区水位得以更为科学地调控，特别是进入秋冬枯水期，"河床变河滩、碧水不复见"的衢江季节性断流旧景不复存在。近年来，信安湖不断加强公园复绿及河湖生态防洪堤建设，景区生物多样性逐年提高，信安湖上野鸭、白鹭等水鸟随处可见，呈现出一幅鱼翔浅底、沙鸥翔集、人水和谐的优美画面，实现了"河畅、水清、岸绿、景美"的目标。

塔底水利枢纽不仅仅是水利工程，更是集"安全、生态、景观、文化、管护、富民"于一体的民生工程。2011 年，信安湖被认定为国家水利风景区，荣获浙江省首届最美绿道、浙江省十大运动休闲湖泊、国际花园城市等荣誉称号，2022 年 12 月被认定为国家红色基因水利风景区。

第三章
秋风满长堤

第一节　水　　患

号称"九水入城"的衢州因水而兴，却也因水而忧。自古以来，城市内涝问题一直困扰着衢城百姓。衢州人的方言中的"涨大水"，形象地描绘了衢城内涝时的情景，同时也潜藏了千百年来衢州人民对洪涝灾害的忐忑与恐惧。内涝问题一度成为衢州人的"汛期噩梦"。历史记载的衢州中心区信安湖范围历史水患如下。

一、唐宋元时期

唐开元五年（717年），信安大风雷雨，县东50里风雷摧山，山崩堵塞溪涧成塘，人称神塘，可灌田200顷。五月，衢州水灾，民饥。七、八月，两浙路淫雨为灾。

南宋初年（1127—1130年），西安县（今柯城区、衢江区）在芝溪峡口上游1.5公里处建成石达石堰（又名草鞋堰）。南宋绍兴十四年（1144年）五月，两浙大水成灾，衢州大水，败城300丈。南宋乾道二年（1166年），西安县丞张应麒（麟）倡筑石室堰于乌溪江黄荆滩，集七十二沟水汇于城南，灌田20万亩，并引水入衢城，为内河。相传县丞张应麒（麟）还倡筑乌溪江下游的东迹堰。南宋淳熙八年（1181年）七月至十二月，无雨，大旱，次年大饥荒。衢州连年大旱灾，民大饥，提举浙东常平茶盐公事朱熹奉命来衢视察灾情，写有《乞将衢州义仓粜济状》《奏衢州守臣李峰不留意荒政状》等奏章。南宋庆元五年（1199年）六月，霖雨至八月，衢州水漂民庐，人多溺死。衢守张经以匿实齐赈坐黜。

元大德元年（1297年）七月，西安县（今柯城区、衢江区）大水，毁学宫。龙游、江山、常山、开化大水。至大年间（1308—1311年），西安县莲花在芝溪建成桃枝堰。

二、明清时期

明洪武十六年（1383 年），西安县棠村吾姓村民捐资独建江山港吾平堰（今和平堰），灌田 400 余顷。明嘉靖十八年（1539 年），淫雨大水，河水猛涨，大水浸城，水深丈余，房舍、器皿、猪牛蔽江而下，男女暴尸江面不计其数。十二月，以水灾免金华、衢州税粮。大水后至秋八月，大旱，竹木皆枯，庄稼无收，人多疫死。

清顺治三年（1646 年），西安、江山、常山大旱，五至九月不雨，斗米银八钱，饥民以树皮、观音土为食。清康熙七年（1668 年）7 月 4 日，西安暴风骤雨，移木毁屋，毁城中石牌坊 3 座、巨木数十株，村中有楼屋随风卷挈不知坠落何处者，钟楼亦被挈转易向。清康熙五十五年（1716 年），西安县治北门关王庙僧智明募资创筑德坪坝，时为土坝。清康熙五十八年（1719 年），西安县协镇马璘暨守戎张善敬加石修筑德坪坝。清康熙六十一年（1722 年），协镇马璘以酒坛贮砂土加高德坪坝，立碑记事，因名马公堤。

三、民国时期

1915 年 5 月，大水灾，衢县西门德坪坝，洪水进城，室内水盈尺，四郊桥梁多圮。龙游，沿衢江一带村落土地全被淹没。1930 年 3 月，省水利局分别在县城关西安门外和龙游桃园里设立水位站，测量衢江水位。5 月，县向浙江省建设厅报送"利用水力筹建发电厂案"（即利用乌溪江水力建发电厂）提案。建设厅在第七次建设会议上作出将此案交"水利、电气两局派员查明核办"的决议。1942 年 5 月，连续大雨。6 月初，衢江水位 67.96 米（吴淞高程，下同），超过危急水位 2.46 米，大水入城。各地堰坝、堤防冲毁十之八九。时日军侵衢，所毁田地房屋、伤亡人口均无法统计。

四、新中国成立后

1952 年，衢县大雨连绵，山洪暴发，洪水受灾田 167 公顷，12 公顷颗粒无收且不能耕种。1965 年 4 月 27 日，一货车在县东迹渡（公路过水路面）被洪水包围，人民解放军 7 人、职工 1 人在抢救中牺牲。1967 年，衢江机场暴雨，衢县军民联手抗洪，飞机冒雨起飞，在军民的共同努力下，保住了大堤。

1969 年 5 月 18 日，黄坛口水库泄洪，一辆来自黄岩县的大客车在东迹渡遇险，水库在高水位情况下紧急关闭闸门，乘客 30 余人幸免于难。1979 年 10 月，闸桥水电站动工建设，1988 年 12 月建成投产，装机容量 4×1250 千瓦。引水渠流量 84 立方米每秒，水头 8.10 米，为全市最早建成的低水头大流量引水式水电站。1988 年 7 月 3 日，省委常委、常务副省长许行贯率领省水利厅、省财政厅领导来衢州考察乌溪江引水工程（简称乌引工程），市委常委、副市长谢高华和金华市副市长毛华岳陪同考察，决定兴建乌引工程。

1998 年 7 月 17—29 日，全市暴雨。7 月 24 日，衢州市水文站洪峰水位 66.89 米，超危急水位 1.39 米，德坪坝进水 1.20 米，全市倒塌房屋 1.96 万间，死亡 27 人，成灾农田 5.93 万公顷。

第二节 堤 防

防洪坝的形式变化代表着衢州治水史的发展演变，衢州筑堤御洪，挡潮防浪，历史悠久。

新中国成立前，衢县兴修防洪堤坝的经费大部分依靠摊派和募捐，如洪山坝于清嘉庆十一年（1806 年）后收取过坝厘金，从中拨出部分作为岁修开支；东迹堤、下金桥堤等皆由乡绅集资创建。民国期间修筑堤坝以征集民伕投劳为主，政府略有补助。如 1930 年修城区魁星坪、德平坝花银洋 408 元；1943 年修复上宇防洪坝，垒土 5830 立方米，同年重修洪山坝、德平坝；1946 年善后救济总署举办小型工赈，拨米 37600 斤修筑莲花乡大坞洋塘堤坝等。

新中国成立后，政府十分重视河道治理和防洪工程的修建加固，每年拨出资金，发动群众在衢江及各溪流危险地段，整修和新建了大量防洪堤坝。其中通过实施省"三江"治理工程项目，在衢江干流和常山港、江山港重点地段进行新建、加固和整修的堤防 50 余公里，堤防达标建设如火如荼。

一、古代堤坝

（一）德坪坝

德坪坝位于衢州古城西北角文昌阁西侧，西北起衢江中路，南至新河沿西段，长 372.6 米，宽 6.2 米（南北延伸约 170 米），为分隔衢江和北濠水系之长堤，为衢江与石梁溪汇合处。这里地势低洼，每逢涨水，洪水极易涌入衢州府城，影响衢州城的生命财产安全。

德坪坝初名酒坛坝，亦名马公堤。德坪坝最初为僧人智明所建土堤，后由马璘修筑石堤。《营幕日抄》记载："斗坛西五十步有坛坝。康熙五十五年，北门关王庙僧智明，募资创筑土堤。五十八年，协镇马璘暨守戎张善敬，加石筑堤。六十一年，马公复取酒坛，贮沙土，萦至堤巅。民感其德，因名之马公堤。"衢城人民为纪念马璘筑坝之功德，亦称此坝为马公堤、德坪坝，并闻名于世。

此外，德坪坝名称由来还有另一种说法。相传建坝之时，如果堤坝修筑过高，洪水会冲毁衢江西岸龚家埠头村落和农田，而如果堤坝修筑过低，衢州府城则受洪涝灾害。故而修筑此坝应以德为先，平衡双方利益，故名德坪坝。"德坪"二字成为东岸与西岸的契约，蕴含着礼让的精神。

德坪坝在清代屡经修缮，清光绪十四年（1888 年）经历一次大修。方志中记载的最后一次修筑是在 1916 年。该年五月，大水冲走房舍牲畜无数，堤坝桥梁十之有九被冲塌。衢县知事蕲春桂自省，"自维守土在原德平坝一带的江滨大道吏而使氓庶流离，渠防不修，甚非所以保吾民"。于是决计修筑德坪坝，并选商会协理项槐负责工事，耗时 6 个月而成。此次修坝还得到了上海红十字会的捐助。1997 年，德坪坝改建为可防御 50 年一遇洪水的标准防洪堤。

德坪坝外有德坪埠，亦称黄泥坳底，位于衢江东岸、衢城西安门外。原为渡船埠头，与亭川埠隔江相对。德坪埠是客运码头，又称快船码头。客运船上行至开化、江山、常山，下驶至龙游、兰溪、杭州等地，客人均由此上下船。1930 年前后，衢州的快船公司盛时有十多家，最大的永安公司、振兴公司的快船有 16 舱，可坐百人。

德坪坝连着斗潭湖，德坪坝内侧斗潭湖畔紧邻文昌阁。旧时每当洪水暴涨，滚滚江水淹过德坪坝而进入护城河，历经冲击，其形如斗，深处成潭，故名斗潭。德坪坝两岸绿树成荫、曲径通幽，阁楼林立，是市民闲时休憩、散步的好去处。春时杨柳万千，夏日荷花绰约，秋来桂香盈鼻，冬时暖阳斜照，让人流连忘返。

（二）洪山坝

洪山坝在府城西南，始建于清代，因坝址附近有洪山庙而得名，久圮。

1982 年，衢州市（县级）政府动工兴建衢江右岸洪山坝旧址（原衢州市生猪屠宰场）至西安门大桥的防洪堤（护岸），全长 1580 米，堤顶高程 66.51 米，超过江危急水位（65.50 米）1 米余，为 20 年一遇洪水标准，迎水面下部为浆砌块石挡墙，上部为浆砌块石护坡，1984 年竣工。

1988 年，堤顶辟为江滨公园及江滨路。双港口大桥至南禅寺，衢江两岸均无防洪设施，属自然土质河岸。城南荷花新区，地势由南向北倾斜，排水设施不完善，易生内涝。城北自西安门大桥至浮石大桥，衢江两岸无防洪设施，防洪能力较低。其中，斗潭生活区、北门农场、市农技校、衢州二中等地区，易受洪水浸淹，防洪能力不足 10 年一遇。浮石大桥以下至鸡鸣，地势较高，无防洪设施。鸡鸣至樟潭镇有防洪堤，属市郊。

二、现代堤坝

千亩大草坪（图 3-1）是信安湖区的"特殊堤防"。2013 年，市政府组织对石梁溪河口段近 12 万平方米的河床淤积进行清理。出于景观考虑，在堆积的河滩地淤泥表面铺设草垫，进行衢江和石梁溪交汇处的堤防、岸线和滩地同治，这一"无心插柳柳成荫"之举，造就了信安湖畔的"衢州千亩大草坪"，成为水利带动水环境改善、水生态修复保护、水景观提升、水产业融合的幸福河湖亮点工程。

图 3-1 千亩大草坪生态岸线

"千亩大草坪"是衢州生态堤防和岸滩治理的典范工程，它利用岸滩整治、生态修复保护、环境提升，提亮了衢江水域岸线景观，并结合衢州市全域幸福河湖和幸福母亲河建设，打造富民惠民标志性工程。2020 年，衢州市委七届八次全会上，综合半岛开发建设，描绘了"衢州千亩大草坪，城市万亩绿心"的水利带动经济发展美好蓝图。经改扩建，信安湖城市阳台的千亩大草坪—智慧新城草坪公园，成为了信安湖畔最火爆的水景观点之一。

草坪公园地下部分增设了草地渗排水系统及自动喷灌系统，地上部分增加了绿道园路系统及配套功能驿站。靠近礼贤桥附近还设有儿童专属活动区，安装跳跳云及大型儿童健身娱乐设施，亲水设施齐全，方便儿童在这些适当的水域空间撒欢游乐。

公园还设有星空玻璃盒草原景观建筑，整个沿江驳岸区域增加亲水平台 2 处、下客码头 1 处，与地景商业文化创业中心整体打造半岛区块滨江夜景亮化体系，同九华隧道二期、文化院街、悦榕、悦椿、悦苑酒店、市民公园景观交通无缝衔接。草坪公园的提升改造，也成为激活鹿鸣半岛时尚文化创业园项目的重要工程，工程建设后形成了 11.8 万平方米草坪，绵延成绿，成为衢江沿线智慧新城又一道独特风景线。

如今的千亩大草坪，又称智慧新城大草坪，以"城市生态公园"为设计理念，以"衢州江畔明珠，浙西城市绿洲"为建设目标，做足"堤滩绣花"功夫，强力推进水岸公园道路绿化改造提升，改造面积约 48 万平方米，灌木花卉 3.5 万余平方米，灌木 65 万余株、花卉 33 万余株，采用四季轮作，让四季的绿草花香融入市民们的日常生活。结合衢州市鹿鸣半岛时尚文化创业园建设，成为"宜居、颐养、全季全天候的旅游示范区"，一个属于衢州人的水岸"中央公园"。

第三节　护　　岸

护岸是在原有的河湖岸坡上采取人工加固的工程措施，用来防御波浪、水流的侵袭和淘刷及地下水作用，维持岸线稳定。按其外坡形式可分斜坡式护岸、陡墙式护（包括直立式）和由两者混合的护岸。斜坡式护岸的护面结构及护面范围与斜坡堤相同，坡顶为陆地面。我国自古就有对岸坡的加固和建设，并注重了工程、景观和生态的整体融合。

一、古代护岸

（一）战国时期

古代护岸最早出现在战国时期，用埽工构筑，战国有称为"据者"。《管子·度地》记载："堤防可衣者衣之，冲水可据者据之，终岁以毋败为固。"其中"衣"可能是在堤上种树植草，防止雨刷风蚀。而"据"是用以对付冲水的，应该是护岸险工。古代的护岸工多为埽工（图 3-2），依形状有马头、锯牙等名称。明代又称顺水坝。清代中叶，黄河在铜瓦厢以下两岸"堤身坐湾迎溜之险工约计不下百余处，鳞次栉比，全赖埽工御水"。

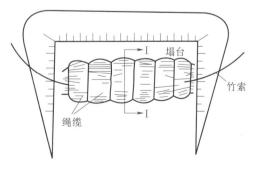
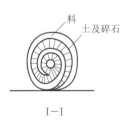

图 3-2　埽工护岸

（二）西汉时期

石质护岸有砌石、竹笼工和险工段抛石护岸等。西汉末年，黄河上已有石堤，大约是石砌护岸的堤防。《汉书·沟洫志》中贾让的中策明载："河从河内（治今河南武陟西南），北至黎阳（今浚县东北）为石堤。"可见当时石堤已有相当规模。当年石工护岸有砌石和竹笼工两种。东汉永初七年（113年）在汴水通黄河的口门处，为保护汴河口的稳定，曾在黄河南岸汴口石门之东"积石八所，皆如小山，以捍冲波，谓之八激堤"。积石八所很可能是竹笼装块石构件堆积而成。但竹笼易朽，维修费用自然较高。东汉阳嘉三年（134年）就曾因此将荥口石门的竹笼工改作砌石工。

石砌护岸在南方大量建设于宋代以后，据《宋史》记载："若谷乃制石版为岸，押以巨木，后虽暴水，不复坏。"即制石为岸，在桩基上修筑砌石护岸，即使遇到暴雨，也不会冲毁。砌石护岸的做法在北宋年间已有规范，一般是先挖地基，再打地钉桩，最后在桩基之上修砌石堤，此护岸建设方式在南方江河上应用较多。还有一种抛石护岸，则主要用于配合埽工或石工的护岸，用以保护堤脚，避免顶溜淘刷，通过抛石形成斜坡，减缓大水冲击的同时，也有消浪的作用。

（三）北宋以后

木龙护岸工首创于北宋天禧五年（1021年），之后被广泛推广。元代贾鲁堵白茆决口时，也曾"以龙尾大埽密挂于护堤大桩，分析水势"。清代木龙用得比较多。清康熙四十年（1701年），河道总督张鹏翮建议"聚木为大筏，联以竹缆……"，同样是桩木结构，沉入水中挑溜护岸。只是不叫木龙，而称之为木筏，构造与北宋稍异。清代木龙形制和构造在道光年间成书的《河工器具图说》中有详细说明，主要起到"截河底之溜，所以溜缓沙淤，化险为平"的作用。

古人对于植树种草保护堤防早有认识。战国年间对堤防维护就有"岁埤增之，树以荆棘，以固其地。杂之以柏杨，以备决水"的规定。宋太祖于建隆三年（962年）十月的诏书中要求"缘汴河州县长吏，常以春首课民，夹岸植榆柳以固堤防"。北宋开宝五年（972年）又下令沿黄河、汴河、清河和御河（今南运河）州县种树。景德三年（1006年）仅首都开封一地就"植树数十万以固堤岸"。

嘉靖年间，总河刘天和对堤防种柳经验进行了系统总结，他提出"植柳六法"并推广应用。植柳六法有卧柳、低柳、编柳、深柳、漫柳、高柳之分。其中卧柳和低柳在堤内外坡自堤根至堤顶普遍栽种，编柳则主要栽于堤防迎水面的堤根。三种种法插柳的直径和柳干出露高度有所不同，但主要都用在堤防不迎溜处以护堤。而在水溜顶冲堤段，为起到消浪防冲作用，则需种植深柳。深柳可连栽 10 多层，"下则根株固结，入土愈深；上则枝梢长茂，将来河水冲啮亦可障御"。漫柳主要栽种在滩地上，高柳必须用长柳桩种植，有遮阴作用，尤其在运河两岸堤面上应用最广。

对于堤防种柳，明朝中期官员、水利学家潘季驯的认识与刘天和有所不同。潘季驯强调应用卧柳和长柳两种，但只宜栽种在"去堤址约二三尺（或五六尺）"的滩面上，认为有消浪和提供埽工用料的作用。潘季驯主张在堤根处栽种芦苇，芦苇繁茂后，"有风不能鼓浪"；而在堤坡上，潘季驯不主张种柳，只赞成种草，其作用是"虽雨淋不能刷土矣"，认识比较切合实际。后代还有人认为，堤身种柳将"攻松土脉"，树根腐烂后形成空洞，而且不利于埽工施工作业。

（四）清代

盖洪水上滩和回落时，滩地临近主槽的位置落淤最多，形成滩唇高于堤根的横比降。由于滩地宽阔，滩面上往往形成串沟，洪水上滩时沿串沟运动，横比降又可能将串沟引向大堤，极易出险。因此，堵截串沟成为护岸的重要工程内容。康熙年间已对堵塞串沟技术有成熟的总结。陈璜认为，串沟有两种类型，堵截的方法也各有不同。如果串沟与主槽通连（俗称有河头），经过数里或数十里再回归主槽（俗称河尾）者，需要在河头距主槽 100 丈左右的地点修筑具有平缓堤坡的大坝，横断串沟。在串沟上每隔一二里间断再筑束水小坝若干，束水小坝像闸门一样，中间留有数尺至一丈的口门。之所以临河头筑坝，是因为那里地势较高。如若将坝修于串沟中段，洪水顺横比降直冲，对坝的安全威胁更大。之所以束水小坝留有中间缺口，为使得漫水不致翻过坝面，对下游加重冲击。而如果串沟只有河尾而无河头，则堵截串沟的大坝应该放在河尾一端，中间的束水小坝做法相同。

二、现代护岸

现代护岸建设基本与河湖堤防同步整治，传统的堤坝、硬化护岸虽能短暂地降低洪水威胁，但长远来看，这种做法逐渐暴露出破坏环境、生态等局限性问题。"护岸缓坡化"有助于创造人与自然、城市与河流和谐共生的美丽家园。

近年来，随着河湖建设的迭代升级，浙江更是推动全域幸福河湖建设，其中护岸建设更是与安全、生态、景观、文化、管护、富民等要素相融合，打造宜居宜美，水岸同治，高质量发展的河湖建设。

浙江省紧随党中央和习近平总书记关于江河治理的重要指示精神，并擘画实施了"八八战略"重大决策部署，"进一步发挥浙江的生态优势，创建生态省，打造绿色浙江"。积极践行新时期河湖建设重要阶段治河理念，在保障防洪安全的前提下，更加注重河湖的自然生态，强化"材质自然化、护岸缓坡化、堰坝矮少化、生物多样化"的建设理念，实现山水林田湖草的和谐统一。

根据浙江省河道驳岸模式，将自然生态缓坡驳岸建设模式分为自然型缓坡驳岸和人工措施缓坡驳岸。如衢江与芝溪汇合段，注重人水和谐，统筹布局，强化河流内滩地、滩林的保护与修复，将堤防与滨水景观带连成一体，融合特色产业，打造具有自然良性循环的区域水系，建设多元、多彩、多亮点的"农旅护岸"。

（一）自然型缓坡驳岸

自然型缓坡驳岸适合坡度自然、水位落差较小、水流较平缓的地段。尽量采用自然植被保持驳岸缓坡特性，必要时采用木桩、木框、石笼、木框＋天然块石等工程措施，稳定驳岸结构。这种驳岸减少了驳岸自然基础的水土流失，避免了硬质混凝土的工程带来的负面作用，美化了河道景观，减少了河道整治过程中对河流自然生境的破坏，为河道周边的动植物提供了生存空间，且符合人类亲水性的特点。

（二）人工措施缓坡驳岸

人工措施缓坡驳岸在自然型缓坡驳岸的基础上，增加钢筋混凝土等材料确保河道防洪能力。通过稳定的人工硬质基础与块石、木桩、滨水植物进行组合，在防洪等级要求较高、可协调河道驳岸空间较少的河道中较为常用。这种驳岸的形式根据河流形态和所处河段而形式各异。人工措施缓坡驳岸考虑不同河流的流量、流速、河道空间形态等要素，为确保河流在不同水位及水量时河床及驳岸的安全性而设置，驳岸的设计样式根据实际条件而灵活多变。

如衢江城区段，对原直立式挡墙进行改造，充分发挥河道的自然属性，因地制宜采用了生态型护岸＋斜坡式植被设计，通过种植绿化来稳定岸坡，为水生和两栖动物提供了栖息场所，并采用生态化和自然化的处理方式，使河道两岸成为观水览景的有氧空间和生态绿廊，形成衢州特色魅力水岸。

（三）衢江城区护岸建设

衢州紧跟浙江省河湖治理理念和指导思想，坚持水岸同治，全面恢复水域岸线功能，积极营造生态岸坡和美丽水环境，从而释放水潜力，以河湖治理带动经济发展。20世纪90年代以前，衢江（衢江区段）几乎没有标准的防洪设施，河道两岸多为自然岸坡。进入90年代，浙江省开展了"三江"治理工程，衢江治理成为重点治理河段。在各级领导及有关部门的大力支持和衢江沿岸乡镇干部群众的共同努力下，开展了大规模的"三江"治理工程建设，共完成衢江干流堤防59公里。其中规模较大的有樟潭堤、高家堤、欧塘堤等。根据省委、省政府提出全面实施"强塘固房"工程建设的总体部署，自2008年下半年开始进行对衢江干堤加固工程建设，经过近几年大规模的建设，衢江干流的防洪标准得到了进一步的提高，防洪能力明显加强，护坡岸线更加生态自然、景观唯美，在满足了基础安全功能的前提下，更与周边城、镇、村落业态和产业发展相融合，打造生态唯美、宜居便民的水美护岸流线。2013 年，衢州再次开展衢江航运开发衢江区段堤防护岸工程，通过加固堤防、配套涵闸、绿化美化等整治措施，使钱塘江干流衢江段两岸保护区的防洪标准达到规划标准。近年来，衢州市通过钱塘江干流生态化提升改造工程、美丽河湖和全域幸福河湖建设，将衢州河湖建设与城市发展、民生工程完美融合，打造安全流程、生态自然、文化融合、景观唯美、智慧高效和富民惠民的新时期全域幸福河湖唯美护岸，并将信安湖范围护岸建成衢州幸福河湖建设和国家水利风景区创建中的标志性工程和亮点示范。

第四章
潋水映画桥

第一节　亭　　台

一、四喜亭

四喜亭有四进二丈宽（约16米长，所以也称长亭），南北两个门洞，跨路而筑，内设石条凳供人休息。位置在现在衢江大桥北面约100米处，离江岸50步，1935年因建铁路供水管道而毁。

明代初期，江山、开化、常山做木材、炭生意的人将这里开辟成了一个码头，停靠竹排、柴草船。岸上堆放木材或加工（剥杉树皮、取松椴等），柴埠头慢慢变成了地名。钱江九姓人家也在清代开始在岸上搭箬篷，或者将一只破船倒扣在石基上成了一个遮风挡雨的临时住所，自此柴埠头（也即四喜亭码头）逐渐繁荣起来。

据衢州人民口口相传，柴埠头被正式和较多称为"四喜亭码头"始于民国时期。之所以被称为"四喜亭"，传说则是宋朝衢州有位状元，叫留梦炎，有一年在他身上发生了四件喜事，即"久旱逢甘霖、洞房花烛夜、他乡遇故知以及金榜题名时"，留梦炎考中状元，官至宰相，衣锦还乡时，在这里建了"四喜亭"以示纪念。

此外之所以取名"四喜亭"还有三种说法，一是四个人中奖是喜事。二是亭边生长着很多很有喜气的鸟，叫四喜鸟。三是人们经过四喜亭码头时，经常会遇到"人生四喜"：即久旱可拜祭管雨露的神仙；新娘轿子进城前一定要在亭子里歇脚，新娘整一下妆，挑嫁妆的整理一下担子，轿夫也要整得精神点；江山、常山、开化三县考生进考从这里经过；另外，此地是徽商通往安徽、杭州等地的交通要津，常常会他乡遇故知。

如今的四喜亭，在青石匾额上均书有"四喜"二字，并有建亭碑刻留存于世，传达着古代衢城水岸的历史底蕴和荟萃人文。

二、浮石亭

浮石亭（图4-1）位于衢江东岸，是紧靠衢州古城的一座六角木亭，因浮石潭中有浮石而名。因唐代孟郊过浮石渡，憩浮石亭而题写了一首诗《浮石亭》："曾是风雨力，崔巍漂来时。落星夜皎洁，近榜朝逶迤。翠潋递明灭，清溪泻欹危。况逢蓬岛仙，会合良在兹。"故而浮石亭又名孟公亭。为纪念此事，人们于亭中立石碑，并篆刻此诗于浮石亭中，成为衢州一道亮丽的人文景观。由于年代久远，原孟公亭的诗碑已圮。

图4-1　浮石亭

孟郊诗中所写到的水潭即为浮石潭。唐贞元三年（787年），白居易父亲白季庚任衢州别驾时，白居易曾随父居衢三年，对衢州有特别情怀。故在长庆年间（821—824年），张耒由工部员外郎为衢州刺史时，白居易作《岁暮枉衢州张使君书并诗，因以长句报之》诗："西州彼此意何如，官职蹉跎岁欲除。浮石潭边停五马，望涛楼上得双鱼。万言旧手才难敌，五字新题思有余。贫薄诗家无好物，反投桃李报琼琚。"在这里，时任杭州刺史的白居易与任衢州刺史的好朋友张耒隔江而望，一边是衢江上的浮石潭，一边是杭州的望涛楼，舟传尺素，写出了"我住长江头，君住长江尾"的况味。后人也通过史料、诗词赋文等记载，去领略古哲先贤于衢江水岸浮石古亭边游历、憩息和抒发内心志向之点滴。

浮石潭地名可考的历史文献中出现于唐代，一直沿用至今。清康熙年间的《西安县志》记载："浮石潭之石，石纹如织状，中微洼，可坐十数人。潭水至清澈，俯视水底，石势如树枝突水而出，亦类芝茎。"1400 多年前，著名学者郦道元在《水经注》中载："瀫水又东，定阳溪水流之。水上承信安县之苏姥布……水悬百余丈，瀫势飞注，状如瀑布。瀫边有石如床，床上有石蝶，长三尺许，有似杂采贴也。"书中所指瀫水为衢江古称，信安县为今日衢州，苏姥布为今日浮石潭。

2007 年，浮石潭下游塔底电站建成，抬高衢江水位，淹没了浮石。为避免浮石历史永沉湖底，2008 年衢州采用"枯山水"的造园手法，在衢江江滨北公园浮石亭前重塑了"浮石出水"景观，以此保护传承水文化，传播衢州古城的历史人文精神。

第二节　桥　　塔

一、古桥

古桥的本身就是历史、文化、艺术，也是一种稀缺的可以引人入胜的旅游资源。在中国古代建筑中，桥梁是一个重要的组成部分。几千年来，勤劳智慧的中国人走过一座座山，跨过一条条河，修建了数以万计奇巧壮丽的桥梁，这些桥梁横跨在山水之间，便利了交通，装点了河山，成为中国古代文明的标志之一。衢州古桥众多，古代衢县以通和浮桥和东迹浮桥最为出名。

（一）通和浮桥

通和浮桥（图 4-2）位于朝京门外。明万历三十九年（1611 年）建造。天启《衢州府志》载："朝京门本有朝京渡，为水陆要冲。府城西北乡入城及城中出入，渔樵肩贩，大半由此。时乡绅谋划捐造浮桥，郡守洪纤若、邑宰刘有源并郡臣叶时敏商议赞同，收募捐银二千七百一十五两五分。测河宽八十余丈，两岸用石砌埠桥之东，以城下旧埠沿溪砌一路，长三十丈，宽一丈八尺。溪底大石叠砌十层高一丈。上石板铺砌平坦，接至浮桥架船处。又另筑大埠高四丈五尺，横阔增加，并竖四石柱用以涨水时系舟。桥之西岸一如东岸。通和浮桥建成，长八十余丈。用大船二，起架中虹，带锚并用铁索 308 股，虹下可通船；中间桥船 35 只，旁系渡船 4 只，以备不时之需。桥板 660 块，桥架 35 扇，大铁绠 4 条，长二百丈。桥置夫役看守，征碓税、官淤田、地、塘作资费。明清鼎革，浮桥毁坏，铁索散佚。"

清乾隆四年（1739 年），知县任之俊将浮桥移至朝京埠北铁塔下。清乾隆五十年（1785 年）、嘉庆九年（1804 年）和 1924 年曾大修。1926 年，因河阔风急，浮桥又移回原址。1969 年，西安门大桥建成，至此，历代衢人称"老浮桥"的通和浮桥被拆除。

图4-2　嘉庆《西安县志》中的通和浮桥

（二）东迹浮桥

东迹浮桥位于县东十里乌溪江。宋时有桥，据传毁于方腊，后以舟渡。明万历（1573—1620年）年间，安徽休宁商人金梅捐金独造。据天启《衢州府志》载：金梅曾过东迹，见渡口水涨，波涛滚滚，往来舟楫，几于沉没。其时经商不久，囊空羞涩，但已有于东迹造浮桥之志。后生意日隆，赚得万缗，正要了却夙愿时，却大病。病中，他祷告于天："使幸得少延，庶不负此心期乎！"经医生吕子惠诊治后，病情好转。初愈，即置桥船22只，铁索20余丈，共捐银900余两。又雇桥夫6名，包括原先的3名渡夫。翌年，又出银二十四两作桥夫工资。浮桥建成后，金梅病逝。其后衢州知府林应祥过往东迹渡，见浮桥，大惊异。以为一人之力，独造东迹浮桥，其困难百倍于建朝京浮桥，功不可没。金梅之子亦一仁义笃实商人。

康熙《西安县志》云："梅之子醇朴自守，不亟表其父之功。"他不仅不张扬其父"善举"，而且也像金梅一样，每岁捐银二十四两。康熙时，东迹浮桥已废弃日久。滔滔东迹，仅存石柱二根。1933年建大桥，抗战被毁，1947年修复。1956年重建。1993年，在原桥址上改建成现在的东迹大桥，堪称当时的"浙西第一飞虹"。

二、古塔

衢州曾以独特的山地条件、秀丽的生态风光和开放的风气之先，成为我国佛教传播较早的地区之一，是历代佛道僧士建寺修塔传道的亲近之地，留下了大量的佛教文化遗产。在衢州众多文化遗存中，古塔是其中的重要组成部分，它与衢州各类古建筑一起，历尽风霜，犹如一颗颗绚丽的宝石，镶嵌在三衢大地的青山绿水间、蓝天白云下，分外壮观和耀眼。

据史料记载，衢州历史上有各种形式、构造、功能、材料建造的古塔共计41座，现存的有18座。衢州城区信安湖区域内有6座古塔，包括衢城天王塔、衢之唐西安柯山塔、鸡鸣塔、黄甲山塔，清代衢州城墙上有铁塔、铜塔等。建造年代最早的是衢州城内的天王塔。

这些古塔历经千百年的风雨沧桑，仍巍然屹立在三衢大地，为我们研究衢州历史、建筑工艺、雕刻艺术、佛教艺术、佛教方面的葬礼以及地震研究各方面提供了重要的实物资料。无论是登塔、望塔还是说塔，人们真切感受到古人的智慧和哲学思想。

（一）天王塔

故衢城民间一直有"先有天王塔，后有衢州城""一日不见天王塔，眼泪滴滴嗒"等俗语，衢州人民历来对天王塔有着独特的情结。老一辈人讲："只要看到塔，不出五里就到县城。"可见塔也是希望的象征。

曾有一段时间，衢人把天王塔称为"天皇塔"。据市博物馆副馆长陈昌华考证，天王塔（图4-3）的称谓最早见于明天启二年（1622年）修撰的《衢州府志》，原文为"天王塔，在朝京门内天王寺中"。志书载的"天王寺"在县治西北水亭街，原称"明显院"，于南朝梁普通六年（525年）始建。天王塔称谓自明末至20世纪80年代一直沿用。直至1987年版《衢州市地名志》才开始出现"天皇塔"这一称谓，并将天王塔当作"天皇塔"的别称。

天王塔位于市区天皇巷东侧天王寺内。建于南朝梁天监年间（502—519年）。高约35米，六面七层，为楼阁式砖塔，曾是中国最古老的塔之一。后寺毁于火，蔓延至塔，塔亦因此而剥蚀。明崇祯壬午年（1642年）八月，大风吹堕塔顶，上面的铸铭为梁天监年号。新中国成立初期，天王塔顶部裂开，常有砖石风化掉落。1952年9月，台风临境，因担心塔周居民安全，便拆毁。拆塔时出土一批文物，有书画、经卷20卷，砖刻观音一尊，铜质如来佛像（无首）一尊，"徐十一娘造塔""咸丰五年四月五日"等有铭塔砖10余块，这批文物由当时文管会保存。从此，衢城三塔消失了，但几十年来，民间要求重建天王塔的呼声一直不绝。

2013年，衢州市博物馆、市文保所经上级文物部门同意，组成以柴福有研究员为队长的天王塔塔基遗址考古队，经50多天的考古清理，沉睡千年的天王塔塔基于12月4日"真容再现"。同年，市政府作出重建决定，开始按史载之图，因考古之得，起塔七层，结构悉仍宋制，规模翼然鼎新，并于2015年建

图 4-3 天王塔

成。现址天王塔根据街道现状进行了适当的移位。这座承载着衢州人无数乡愁和记忆的古塔在坍塌了半个世纪之后重新屹立在了信安湖畔，与水亭门遥相呼应，成为衢州一道璀璨的风景，也成为水亭门历史文化街区的网红打卡点。

（二）衢州铁塔

铁塔建于明万历七年（1579 年）以纯铁铸成，根据《衢州市志》记载，衢州铁塔应是民间人士左秀民捐建。铁塔位于衢州古城墙西北角德坪坝的镇坝城墙台基上，初是为镇守保护"德坪坝"平安而建。铁塔东南面为文昌阁，铁塔北边城墙外为烈妇祠，遗址在今新华小学西南角。

铁塔由两层须弥座和七层塔身组成，八角形，每层之间都有平座和腰檐，四周铸有佛像。佛像或坐、或立、或骑象、或乘狮，做工精细，腰檐间有角梁飞檐，飞檐前端悬挂风铃，铁塔玲珑美观。七层塔体分段铸造，逐层叠装成塔。须弥座每层边铸有八仙过海、二龙戏珠以及莲瓣、卷草等图案。旧时，衢州水患隔数年一次，特别是城西，水坏城墙，常溢满街衢，铁塔铸造原因主要为镇水除妖，以求水静波平，消除衢江水患。

清咸丰八年（1858 年）太平军翼王石达开率领 20 万大军由赣入浙，从三月初五围城至六月初五撤军，太平军围攻衢城达 91 天之久，其间守城清兵为补充军火，拆毁铁塔上面七层，铸成铁炮和弹丸，以抵抗太平军攻城，仅留塔底双层须弥座。铁塔四周铸有佛像，做工精细。后不知去向。光绪年间拆西安门时，铁塔须弥座全部拆毁，仅存遗址。清代曾在铁塔基台上建"铁塔炮台"，也在抗日战争期间被毁。

2014年铁塔重建被纳入文昌阁复建工程。复建的铁塔位于文昌阁附近，高7米，塔基高1.6米，总高度8.6米，共七层，一至三层为佛教文化，四五层为道教文化，六七层为儒学文化。消失了一个多世纪的铁塔又屹立在了信安湖畔，镇水宝塔再现昔日风光！

（三）衢州铜塔

衢州铜塔位于旧时衢州城墙西南角，前临衢江，今位于鹿鸣小学西南角的古城墙遗址处。据民国《衢县志》载："在城西南雪观亭故址，与西北角铁塔对峙城墙上。铁塔镇瀫江之下流，而铜塔则镇激江之上流也。江常两港来舟，远望见之，高耸凌霄，气象雄丽。夕阳闪烁时，尤觉金光夺目。"经各种文献资料考证，衢州铜塔的建造年代应在明万历三十六年至四十年（1608—1612年）年间，是刘有源任西安县尹时为镇江保护洪山坝而建，时间在铁塔建成约30年后。

塔全部用铜铸成，铜塔由须弥座和11节八面塔身组成，每节塔身由塔壁和腰檐组成，塔壁上一组佛像造型，角梁前端翘角凌空，用以悬挂风铃。铜塔分节铸造，逐节装叠成型，与砖塔、石塔相比娇小玲珑。铜塔建在高达8米以上的城墙台基上，"两港来舟，远望见之"，是先人筑城智慧的体现。塔台基下城墙西南角处建有"雪观亭"，铜塔在亭的衬映下耸立在衢江东岸，一塔一亭，亭亭玉立，形成旧时衢江水道中一道亮丽的风景线。

从衢州古城衢江彼岸遥望，形成三塔二楼的景观，三塔一高两低，高达38米的梁代古塔天王塔居中，铜塔在南端，铁塔在北端，宛如一座硕大的笔架横卧古城，与大小西门城楼交相辉映，与古城墙、江流舟船组成一幅富有江南诗韵的水墨画。衢州三塔景观也是衢州古城的城市雕塑，是历朝古人智慧的结晶。

可惜在太平天国围城时，清咸丰八年（1858年）守城清军为补充军费将铜塔拆毁，运到祥符寺开炉铸成"咸丰重宝当十"大钱。现在仅存"咸丰重宝当十"拓图留作铜塔的纪念。拆塔后曾建"铜塔炮台"，配铁炮两门，也在抗日战争期间被毁。这座如同衢江航标般的铜塔，建于何时，毁于何时不得而知，毁后去向，也无人知晓。真是泥牛入海，令人叹惋良多，于世代衢人中只留下美好的传说。

（四）双塔凌云——黄甲山塔

黄甲山塔（图4-4）又称孟姜塔，一座明代砖塔，是衢江区云溪乡孟姜村的标志性建筑，立于衢江北岸。黄甲山塔为六角形建筑结构，属九层楼阁式砖塔。据统计，塔高约41.9米，壁体厚1.2米，塔室直径3.29米。底层西南面有壶门，可进入塔内，不过底层没有须弥座，这是它的一个特点。门额上有"双塔耸秀"四字，二层塔西南有"砥柱凌霄"四字，可惜的是这四个字因风化已经模糊不清了。二层以上每层三面辟有壶门，方向各相错开，各层叠涩收进、出檐，整体十分完整，塔顶相轮向北倾斜。

据民国《衢县志》记载，黄甲山塔建于明万历元年（1573年），并于万历三十九年（1611年）重修。《衢县志》还记载了建塔者的名字，即"兵道曹栋、郡守韩邦宪创建。万历年间，郡守洪纤若重建"。黄甲山塔不仅展现了我国古代造塔艺术的成就，还具有一定的地方特色，是衢州地区著名的古塔之一，1982年公布为市级文物保护单位，2011年1月被公布为浙江省级文物保护单位。

自明以来，文人雅士往返三衢，观光徜徉，曾登临这黄甲山塔，见衢北苍苍，衢江茫茫，即兴抒怀，留下诗文佳作。从塔的门额、塔身有"双塔耸秀""砥柱凌霄"等题字可窥见一斑。

古时衢江黄甲山塔、鸡鸣山塔凌云矗立、遥遥相望，1952年衢州机场扩

图4-4　黄甲山塔

建，鸡鸣塔被炸毁，衢江"双塔凌云"景观消失。400多年间，黄甲山塔屡次重建修复，这不仅体现了人民心中不灭的信仰和对未来美好的期待，更成为了信安湖宝塔历史的重要见证。

（五）双塔凌云——鸡鸣塔

鸡鸣塔位于浮石乡塔底村，南临衢江。古有鸡鸣寺相伴，建于明万历年间。旧时有鸡鸣埠，塔以埠得名。民国《衢县志》载："在城东南十里，对面乃东迹溪与大河汇合之所，山皆石，屹峙中流，势如环抱，川途润状，实为要津，上建塔七层，郡守韩邦宪立。"从民国时期的明信片上仍可以看到鸡鸣塔昔日的美丽影像。由于机场建设需要，1952年12月炸毁，昔日的一道美景"夕阳映斜塔"，如今却难以重现。

史料记载，鸡鸣塔、鸡鸣寺以及衢江对岸的鸡鸣村都因鸡鸣埠头而得名。鸡鸣埠头恰好位于衢江与乌溪江的夹角处，独特的位置让它成为了衢城最早的

埠头之一,《衢州地名志》中记载:"传说杭州城隍船深夜路过此埠头闻鸡鸣,故名。"鸡鸣塔是衢州的标志,船从下游上来,远远地看见鸡鸣塔就知道衢州快到了,而鸡鸣塔在三江口的特殊位置,又方便了人们判断方向。

鸡鸣塔东 50 米处的一座寺庙,寺庙为三进三开间,门上题写着"塔底紫鸣寺"。庙中 83 岁的张金树老人说:"传说衢江的北岸住着一条蛇,南岸住着一只乌龟。一天半夜,体型庞大的龟蛇同时过江,衢江很快就会被它们堵死。有位渔民学起公鸡打鸣,龟与蛇以为天亮了就回去了。鸡鸣塔下的那座山就是蛇的头,后来造鸡鸣塔是为了镇住蛇。"

张金树的故事让人联想到了衢城坊间流传的一句童谣,"绍兴鹅,宁波鸭,衢州乌龟爬石塔"。庙里的老人表示,童谣里的石塔就是鸡鸣塔。坊间传说,衢州的地形像一只乌龟,但口口相传并无考证。

(六)钟灵塔

钟灵塔(图 4-5)位于孔子文化公园,是一座仿古塔。钟灵塔建于 2000 年,占地面积 244.88 平方米,为七层八面仿宋建筑,塔名"钟灵",意钟灵毓秀。塔的一层外墙刻有衢州古城图、府山古迹遗址图、南宗孔庙平面图、衢州水系九图。塔顶置有一重达 2 吨的铜钟,钟周刻有钟铭。登塔远眺,全城景色尽收眼底。

钟灵塔是府山公园的标志性建筑,坐落于府山主峰之上。从下往上仰望,此塔庄严肃穆,多角七层,砖木混合楼阁的风格,色彩是搭配得很协调,古朴端庄,全

图 4-5 钟灵塔

身飞檐翘角,被葱葱树木掩映之中。好在是冬天,透过斑驳树影能远远见到它的高大伟岸。

塔的拱形门上方"钟灵塔"三字苍劲有力映入眼帘。塔门里悬挂着"三衢毓秀"四字匾额,塔外身镌刻府城图、府衙图、明南宗家庙图等。从塔基平台往上看,可见每一层都有外挑的平座,平座设栏杆,绕塔而成檐廊,可供游人登塔赏景。塔内,有转梯可上行,楼梯逼仄;一层到七层,塔内墙体悬挂人文风景画和诗词歌赋等,如峥嵘山、平山亭、梅林以及《郑平守衢图》《陈弘治衢图》《刺史李砚图》《三衢状元图》等。

在钟灵塔顶上,整个衢州古城部都尽入眼帘。纵览古城,可以看得出来,

衢州的古城保护做得很好，有些建筑还是保留着以前的房型，白墙黛瓦，现代化的楼房中间，夹杂着低矮的平房，很是赏心悦目。七层的顶楼吊着一口钟，为除夕敲钟祈福之地，钟灵塔以此为名。屈指叩钟，发出"嗡嗡"声；手掌抚钟，仿佛与先哲对话，聆听先哲的教诲。

第五章
波心涌楼阁

第一节　楼　　阁

一、杨炯祠

杨炯（650—695），陕西华阴人。唐代诗人，与王勃、卢照邻、骆宾王齐名，并称"初唐四杰"。如意元年（692年）任盈川县令。杨炯在任期间，狠抓治安、投身水利修建、带头捐款修建水利设施，成绩斐然。其间建设的著名灌溉蓄水工程有九龙塘、祝塘等，修建的堰坝工程有蚂蝗塘、太平关堰、白石塘堰、杜宅堰和钟山堰等，对当地的农业生产发挥了重要作用。

695年，盈川大旱，田禾枯槁，县民求雨久不得，炯纵身跳入盈川潭，是日大雨。民感其德，建杨侯祠奉祀，后又改建为盈川城隍庙，奉杨炯为城隍庙神，历代香火甚盛。武则天见奏，题书"其死可悯，其志可嘉"。唐玄宗则加封为仁祐伯，唐代宗李豫再次加封为仁祐伯并敕将原城隍庙扩建为三进三十二间。

据祠内碑文记载，杨炯祠于民国十一年（1922年）开始筹备，于民国十九年（1930年）秋竣工。该建筑坐北朝南，分东、中，西三殿。主体建筑占地面积1374平方米，屋顶为硬山造，屋面为小青瓦阴阳盖法。中殿的前厅为戏台，面阔为三间，明间梁架为抬梁式，五柱用九檩，天井面积有50平方米，天井两侧为走马楼。

为纪念杨炯治水的功绩，每年农历的六月初一，盈川乡民都会在杨炯祠举行"杨炯出巡"的祭祀活动。杨炯出巡之意为到他辖区境内巡视，看看庄稼有无虫害，稻粮长势怎么样，六畜兴旺与否，百姓安居乐业的情况。用以表明杨炯在任上爱民如子，恪尽职守。此外，盈川每年还有二次拜佛集会，这些活动都因杨炯著名事迹而来。一是农历四月廿二日，据说这是杨炯任盈川县令的日子；二是八月廿，这是杨炯被封城隍的日子，两次都是庙会，要摆酒演戏。

杨炯祠（城隍庙）自唐代到民国时期，几经岁月沧桑，修复重建，源自杨炯对衢州人民的卓越贡献，他带给衢州人民的是浓浓的乡情和奉献精神。杨炯祠（图5-1）于1996年6月公布为县级文物保护单位。

图5-1　杨炯祠

二、水亭门

水亭门（图5-2）又叫朝京门，门朝西开。"朝京"意思为"朝向京都"，古代中国秦、汉直至唐朝，京都在衢州的西面，衢州古城西临衢江，出水亭门外有码头，出城即可上船。古时的衢州水路"上达两京，下通九省"，水亭门也因此被百姓称为"朝京门"。因"朝京"之意，水亭门也成为了衢州城的正门。

水亭门位于衢州城西，是衢州府城现存六大古城门之一。城门上建有城楼，名叫碧春楼，又名西城楼、怀嵩楼，以清朝诗人周召的诗句"骚人重醉碧春楼"

而得名。碧春楼是衢州古城九楼八阁中的九楼之一，临江依水。二楼悬挂"飞阁流丹"横匾一块，是古人观赏"瀫水夕照"的最佳处。

图 5-2 水亭门

水亭门外即为朝京门古埠。朝京门埠俗称新码头，在朝京门外，其旁旧有"通和浮桥"。朝京门码头历来就是衢州最大的码头，这里江面开阔，帆樯如林，商贾云集，热闹非凡。守城的朝廷命官要进京朝贡或听命差遣就从这里上船出发，携皇命来衢巡视查勘的钦差大臣也在这里上岸入城。因此，当年朝京门外人流如潮，车水马龙，而且经常有州府送往、迎来之类的差事，岸上有礼宾列队，鼓乐齐鸣，前呼后拥的喧闹，更为这繁华的码头增添一份热烈。

在这里可以窥见衢州的前世今生，可以在古城旧貌与新貌之间，找到一个站得住的平衡点。历史与新生，传统与科技，于此交相辉映。

水亭门历史文化街区（图 5-3）位于衢州古城西侧，北至新河沿，南至皂木巷，西至衢江中路，东至五圣街。区内散布着庙宇、宗祠、会馆、城楼、古迹及成片的传统民居，这里是衢州市传统风貌建筑最为集中、历史文化遗存最为丰富、街巷肌理保存最为完好、人文底蕴最为厚重的历史街区。目前，水亭门街区内保留原有的"三街七巷"格局（水亭街、上营街、下营街、柴家巷、进士巷、罗汉井巷、黄衙巷、天皇巷、皂木巷、宁绍巷），并存有全国重点文物保护单位 2 处，省、市重点文物保护单位 12 处，市级历史建筑 59 处。水亭门街区占地 10 万平方米，主街长 220 米，宽 12 米。2013 年，水亭门启动了"水亭门历史文化街区保护利用项目"，对街区重要古建筑、基础设施进行修旧如旧，改造提升，街区改造于 2016 年全面完成，并于 2016 年 9 月 28 日正式开街。

人们都说这里是一座没有围墙的博物馆，三街七巷承载着千年的文脉。漫

图 5-3 信安湖水亭门夜景

步在此处，会感觉岁月在此间停留。这是一个随时随地都可以来的地方，是每个人除了家、单位或学校之外，都能平等享有的第三空间。

三、天后宫

天后宫，据民国《衢县志》记载："……一在城东十五里樟树潭，嘉庆八年（1803年）建，系均汀帮傅姓主之"，即位于樟潭街道下埠头中心段。2009年11月被认定为市级文物保护单位，2011年2月被认定为浙江省第六批省级文物保护单位。

下埠头天后宫，坐南朝北，面朝衢江，占地面积为633.02平方米，分布面积963平方米，大门外墙为牌坊式砖石结构，全宫分前、中、后三宫，前宫门面以水磨青砖砌成，中宫原有天后塑像（后被日军烧毁），后宫木柱殿宇气势磅礴，是悬挂天后画像的地方。上顶为八角苍穹，金碧辉煌。外墙明间二楼有"天后宫"三个楷书砖雕大字。建筑内地面高出建筑前路面1米，明、次间均设石库门。中轴线依次前厅、天井、中厅、后厅，从后厅西次间经过廊进入偏殿，偏殿坐东朝西。

天后宫布整体布局严谨，规模较大，建筑构造独特，工艺精湛，特别是前厅、后进、偏殿，依旧能看到朱红断白，从砖雕、木刻中可以看出清代建筑风格。像天后宫这样保存完整，有明确纪年的建筑，目前在浙西很少见，是研究妈祖文化和樟潭古埠水运贸易史的实物例证。下埠头天后宫，虽然木构件腐蚀严重，但相对于衢州天皇巷、天妃宫两座古建筑，则更原汁原味，保护价值更高，有着较高的历史、艺术、科学价值。

天后宫正对着樟潭古渡，位于乌溪江与衢江的汇合处，地理位置优越。据记载，樟潭是衢江边最负盛名的木材集散地，沿江有1.5公里停靠船舶、木排的码头设施，素有江南"小上海"之美称，从樟潭沿江往西而上至衢州、江山、常山，顺江而下可至杭州、绍兴，是浙西水路交通的重地，故此处商贾云集。现在天后宫西面仅存一段三十多米长的老街，虽已废弃，古韵犹存。因福建人信仰妈祖，天后宫是为供奉天后娘娘（妈祖）所建，也称妈祖庙，供人祭拜，表达了人民对家乡祖宗的乡愁情结。天后宫历经沧桑，见证了樟潭的发展历史，妈祖传说、天后宫故事至今还在民间流传。天后宫的保护利用，是弘扬妈祖文化，发展衢州文旅产业，推动区域经济高质量发展的重要途径。

四、信安阁

"东汉时，衢州被称为新安县，后被改为'信安'。唐朝时再易为'西安'。'信安'这个名称在衢州至少用了几百年。"对衢州历史颇为了解的市民吴潜以寥寥数语阐明"信安"二字与衢州的渊源。

信安阁位于西安门大桥东侧的滨江公园内，信安湖南侧，庙源溪对面，为三层阁楼建筑。站在楼阁上，可以欣赏潋波荡漾，绿洲映影，鹭鸟飞翔，一派宁静、祥和的景色，还可以远眺信安湖美景，体味"扁舟一叶到衢州"的韵味。信安阁西侧有座"濯缨亭"，是衢州名人赵抃为表达自己心境所筑的一座亭子，"濯缨"寓意为官清廉，操守高洁。

信安阁也是市政协三衢画院、书画界艺术交流的创作基地。阁楼上高悬着匾额，"信安阁"三字是浙江省书法家协会主席鲍贤伦所书。阁内外所见的楹联都由我市知名诗人所撰，并请我市书法家题写而成，儒雅文风萦绕信安阁四周。踏入信安阁，我市著名书家梅谷民所题的"衢州市非遗展示馆"映入眼帘。它告知来者，这里承载着一座古城的记忆，这里流淌着三衢的文脉。

现在所见的信安阁落成于2007年。经市文化广电新闻出版局、衢州日报报业传媒集团联手打造，2014年8月，信安阁内设的"衢州市非遗展示馆"开馆并免费对外开放。阁内图文并茂地陈列了我市的国家级"非遗"项目、省级"非遗"项目几十项，涉及民间文学、传统音乐、传统舞蹈、传统戏剧、传统美术、传统技艺、传统医药等。信安阁"衢州市非遗展示馆"对外免费开放，是市民了解我市非物质文化遗产、体会民俗风情的重要场所。

每座城都应该有自己的故事，这一项项"非遗"项目都是衢州这座城宝贵的文化财富。正是这一笔笔文化财富，令衢州文脉在浩瀚历史中未有湮灭。

五、赵抃祠

赵抃，衢州沙湾人，在《宋史》中与包拯齐名。宋大中祥符元年（1008年），赵抃出生在衢州北门外沙湾家中，一生为官45年，从北宋地方基层官员一直做到副宰相。在担任殿中侍御史时，他刚直无私，弹劾不避权贵，不畏强权，铁面无私，人称"铁面御史"。官位如此显赫，赵抃一生却十分清廉简朴，传说他离京入蜀赴任时，身边只剩下一琴一鹤，"一琴一鹤"的成语由此而来，用来形容人为官清廉。

赵抃祠位于衢州市区钟楼底，始建于宋咸淳四年（1268 年）。现存为清代建筑，坐北朝南，占地 447 平方米，平面为纵长方形，自南而北依次为大门、门厅、前厅和后厅，前后厅之间有一天井，坐南朝北，为四合院布局。跨进厚实的石栏大门，你会感受到一股威严的气息。由左至右按顺序记载了赵抃的主要生平和功绩，"家世源流""宦游地方""年谱""履历表"一一陈列。正殿上方端坐的是赵抃的塑像，面容严谨，神态自若。两旁站着书童，一人执琴，一人牵鹤，充分展现了其清廉本色。

旁为北门街高斋，紧靠赵抃祠东面，坐西朝东占地 124 平方米，西边井旁有清代郑永禧书《重建赵清献公高斋碑记》。

赵抃 72 岁以太子少保致仕归里，衢州北门外沙湾故居宅第陈旧，弟侄辈购邻宅准备拓宽加盖府第。赵抃闻讯震怒，说道："吾与此翁三世为邻，何忍为此！"命即退屋，不许索还买价。可见赵抃之谥号"清献"名不虚传。苏轼撰《赵清献公神道碑》，赞称："东郭慎子清，孟献子之廉，郑子产之惠晋叔向之贤"抃一人"兼而有之"。宰相韩琦赞为"世人标表"。

如今，赵抃祠是衢州市十佳基层文化建设示范点，衢州市重点文物保护单位，是照亮古今廉政的一面镜子，也是衢州人文旅游的重要网红打卡点。

六、文昌阁

文昌阁在中华大地并不少见，它供奉的是掌管士人功名禄位的文昌帝君，是一座城市文教兴旺的重要代表建筑。在南孔儒风的影响下，衢州文教兴旺。

据清嘉庆《西安县志》记载，衢州一城曾有 3 座文昌祠，后都在战火中被付之一炬。今之文昌阁为原址重建建筑，始建于康熙四十一年（1702 年），与衢州三塔中的铁塔相邻，是一幢屹立在斗潭湖与衢江汇合处的高大建筑。最初用于供奉文昌帝君，以此激励古代读书人积极进取，以仕明志。20 世纪 50 年代，这座文昌阁被拆除。

2013 年，文昌阁与天皇塔的复建工程被列入市委、市政府十大专项工作中。4 月 18 日，随着副市长占跃平的一声令下，文昌阁复建工程正式开工，工程选址于衢江中路、新华小学、斗潭湖之间的三角地带。工程建设用地面积约 9427平方米，地上建筑面积约 600 平方米，主体建筑高度 30 米。

复建后的文昌阁，重现了老衢州城的历史面貌。建筑体现了清代中晚期衢州本地特色建筑风格，阁内展示文昌帝君像、衢州历代科举功名和近现代文化乡贤等，以此来复苏衢州逝去的文化记忆，传承传统文化，以文化建设带动城市发展，塑造独具特色的南孔圣地衢州文化特色。

七、江氏节孝牌坊

江氏节孝牌坊位于樟潭街道樟树潭村下埠头自然村衢江边，是为了褒扬林银之妻江氏早年丧夫"矢志守节"而建。牌坊坐南朝北，面对循江，现为市级文物保护单位。

据碑文记载：该牌坊于清道光庚子年孟冬上浣毅旦立，即道光二十年（1840 年）农历十月上旬一个晴朗美好的吉日所立。牌坊为四柱三间五楼，青色花岗石制作，北面庑殿顶门楼上有"圣旨"二字，南面庑殿顶门楼上有"恩荣"二字，北面中刻写有"旌表监生林银之妻江氏建坊"，题有碑记，此牌坊面阔三间，歇山顶，通面阔 4.8 米，通高 6.5 米，柱子为方形抹角，底下两边有靠背石，刻有龙纹，南面明间大额坊上刻有一对凤凰纹饰，屋脊有 6 个鱼吻。江氏节孝坊做工讲究，雕刻精美，古朴典雅，具有很高的民俗史料价值和完美的艺术价值。

清朝国子监是清政府管理教育的最高行政机关，也是国家设立的最高学府，国子监生就是国子监里的官员，享受朝廷俸禄。林银，官至监生，但不幸英年早逝。地方官员有感于江氏的节孝事迹，上报朝廷，皇上也为林银之妻的恪守妇道、坚守孝道事迹所感动，下旨建造牌坊，以示旌表。

牌坊作为一种文化性特别强的特有建筑形式，被誉为中华文化的典型象征。在某种意义上是中国古代政治制度的产物。古牌坊主要分四个等级，按级别由低到高依次为敕建、圣旨、恩荣、御制。立牌坊不仅审批程序繁复严格，对于建造规格也有着等第的严格区分。牌坊的级别论柱而异，柱脚越多，级别越高。"六柱五间十一楼"，只有帝王神庙、陵寝才能用，一般的臣民最多只能建"四柱三间七楼"。下埠头江氏节孝坊为"四柱三间五楼"，比一般的臣民最多只能建"四柱三间七楼"少了二楼，牌坊上北有"圣旨"、南有"恩荣"，可说是规格很高，江氏节孝坊的地位不言而喻。

八、孔氏南宗家庙

孔氏南宗家庙坐落于衢州市区府山街道新桥街，中山公园山麓下，建筑巍峨，气象万千，南宗孔庙经三迁三建，历十余次修葺，占地面积 14000 平方米，建筑面积 7490 平方米，具有 700 多年的历史。

南孔家庙始建于宋，据史学记载，宋徽宗称帝时，国势不振，金兵入侵，造成偏安之局，孔子第四十七代嫡长孙孔端友，怀奉孔子和亓官夫人的一对楷木像，率族人南下，沿运河、越浙江直至衢州而止，在此建立南宗孔庙安了家，此后衢州也就被孔氏称为"第二圣地"。宋亡后，元忽必烈令孔氏后裔从衢回山东，孔子第五十三代嫡长孙孔洙以其先人在衢为由拒绝，让爵于山东孔氏，衢州一族，从此定居，明正德十五年迁于现址。留曲阜未迁者未几亦受元诰，世称北宗。南宗裔族绵延至今，奉祀官孔繁英氏，为至圣七十一代孙。❶

衢州孔氏家庙作为纪念孔子的庙宇，其建筑群凝聚了历代建筑的精华，独具建筑"整体意识"的艺术之美。整个建筑群坐北朝南，平面呈纵长形，以 3 条轴线布局。家庙建筑群空间布局主次分明，秩序井然，以中轴线为主，建筑由低到高，由小到大，循序渐进，给人一种庄严崇敬之感。同时，家庙追求排列整齐，左右对称，各个单元建筑皆作方正、对称设计，体现儒家"正心""正名""正物""正位"的观念。家庙有中、西、东三条轴线：中轴线有大成殿，祭祀孔子；西轴线有六代公爵祠、袭封祠、五支祠，以祭祀孔氏历代先祖、思鲁阁供奉孔子夫妇楷木像、先圣遗像；东轴线上有孔塾、崇圣门、崇圣祠、圣泽楼等建筑，有五王祠、恩官祠，祭祀孔子之五世祖及有功于衢州孔氏的历代官员；家庙西侧是嫡长孙居住的孔府及后花园。

孔氏南宗家庙庙门为一座单檐歇山顶建筑。在石须弥座的围墙衬托下，显得威严庄重。庙门悬挂书法家沙孟海"衢州孔氏家庙"题字匾额，字体苍劲有力，正门一对石狮，显现圣地庄严。正殿内悬挂清代康熙皇帝撰写的"万世师表"匾额，气势雄伟。大殿高 23 米，长和宽各 9 米。殿内共有木质圆柱 12 根。其中最大的圆柱周长 1.80 米，大伸展双臂也难以抱全。

孔庙建筑等级分明，虽然各地建筑形制和各种礼制全部模仿山东曲阜孔庙，但在中国古代只有县级以上的治地才可以修建，且存在着以京师、府、县为标志的等级分明庙阶。在衢州孔氏家庙，可以感受到中国古典建筑的整齐划一、中轴线布局。由"和"的美学思想发展而来的中国建筑美学，注重表达人类道德情感和社会制度等级规范。

孔子南宗家庙历史悠久，规模宏大，对于人们研究古代建筑、文化、艺术以及祭祀制度等方面，具有重要意义，是全国重点文物保护单位。作为孔子后裔的第二故乡，"东南阙里、南孔圣地"已然成为衢州城市的宣传口号，"衢州有礼"这一标语也在街巷牌坊随处可见，这大概就是孔氏南宗让儒学在衢州这片土地上滋养生息的浓缩体现吧。

九、周宣灵王庙

周宣灵王庙（图 5-4）全称"宋孝子广平正烈周宣灵王神祠"，位于衢州市

---

❶　当时奉祀官应为孔繁英之子孔祥楷，时年十岁。孔繁英是至圣七十四代孙。

柯城区下营街 18 号，奉祀孝子周雄。始建于南宋嘉定年间（1208—1224 年），距今已经有 800 多年了，明弘治九年（1496 年）重建，明正德九年（1514 年）增建，清代又经历多次重建、修复，一砖一瓦都见证着衢州的岁月沧桑。

图 5-4 周宣灵王庙

周雄，南宋宁宗和理宗时人。少年时期曾经在衢读书，与南宗孔府衍圣公孔文远是同窗，交谊甚深。孔文远感其平日对母诚孝，奉肉躯敛布加漆立庙祭祀也，供后世敬仰。志书上记载周雄"舟行至衢，闻母讣，哀伤而死，直立不仆，衢人异之"，周雄死后"威灵显著，水旱疾疫，祷之辄应"，故历代屡有封赠。元至元年间（1335—1340 年），周雄被封为护国广平正烈周宣灵王。清雍正三年（1725 年）为保障漕运畅通而被加封为运德海潮王，从祀海神庙，成为钱塘江水系的保护神，被历代水上人家及商旅尊崇祀拜。其影响波及浙江、江西、安徽、江苏等省，新安江、苏州及太湖沿岸都有周雄祠庙。百善孝为先，周宣灵王庙是衢州的孝子庙，是我国孝文化的一座丰碑。

周宣灵王庙始建于南宋，明弘治九年（1496 年）复建，内有燕室三檐，石坊一座。清咸丰元年（1851 年）遭兵燹，从朝京埠移入城内，后多次增建、修复，庙内现存八块完整的明清石碑。《衢州市志》记载："现存为明弘治壬戌年（1502 年）所建……明末清初周宣灵王庙建有戏台。戏台的梁上刻有 113 座神道人物、二凤戏珠、花鸟、楼台、亭阁等，栩栩如生。"

周宣灵王庙坐东朝西，平面呈不规则方形。它原来的建筑面积有 1800 多平方米，是一个比较完整的三进两明堂的格局，共分南、中、北三路轴线。南路建筑俗称官厅，共四进，现存后三进，依次为前厅、后楼和宅院。北路共五进建筑，现存前二进和后一进，依次为宅院和仓房。中路是整个建筑群的核心部分，为祭祀的主要场所，内尚保存有明清碑刻八通，记录了周宣灵王庙的历史沿革、建筑演变过程。

建筑构造特征具有鲜明的地域性，结构简洁、用材硕大；砖雕工艺精湛，木雕题材丰富，艺术感染力强。特别是采用减柱、移柱造等手法，具有元代建筑之遗风，是研究区域性建筑文化的重要载体。

第二节　城　　墙

一、衢州城墙

衢州是国家级历史文化名城，衢州古城是浙江省古老十一府中唯一保存较为完好的古城。衢州城墙（图 5-5）位于衢州市区，始建于东汉，南宋、明、清、民国期间多次修葺，已有 2000 余年的历史。黄巢起义、方腊起义、常遇春突入南门……这些战役均在衢州城墙下发生，因战乱及各种自然灾害，古城屡毁屡建。

图 5-5　衢州城墙

衢州城墙因战事所需建衢州城时而建，始建于东汉初平三年（192 年），原为土墙，大约在唐以后才开始以砖石筑墙。目前所看到的城墙体，是由宋代保留下来，清顺治至民国五年也曾维修 20 余次。历史上的衢州古城，城墙高 2 丈、宽 2 丈 4 尺、周长 15 里。全城共设六大城门，东有迎和门，南有礼贤门，西有朝京门，北有拱宸门，还有两个小城门分别是东南面的通仙门和西南面的通广门。各城门上都建有城楼。城外东、南、北三面皆设有宽阔的护城河，西面有天堑衢江，高墙深沟，蔚为壮观。至今衢州府城仍保留有基本完整的护城河，6个古城门，以及东段城墙 300 米，西段城墙 120 米，南段城墙 73 米，城墙遗址 1000 多米。衢州地理位置上是一个易守难攻之地，古城门也叫"铁衢门"，具有高大、厚实、坚固的特点，城墙下还开挖有丈余壕沟有数十米宽的护城河，还在各城门外修有月城，也叫瓮城，真是城中有城，墙外有墙，层层设防。

现存城墙及遗址有大南门、小南门、大西门、小西门、东门、西安门以及南护城河、北护城河，总长 2800 余米。水亭门是目前衢州保存和修缮最好的一座古城门，它又称大西门、朝京门，城门上有楼名曰碧春楼，又名西胜楼，是衢州九楼之一。

小西门，又名通广门，古时城门外埠头众多，船家云集，走水路可达苏杭，经大运河更是可通全国。由于保护不善，新中国成立后，门拱坍塌，现有城墙尚保存。门外南侧有著名的衢州三塔之一的铜塔，为铸兵器，毁于太平天国时期。

东门，又名迎和门、紫金门，门外有著名的青龙码头，新任官员都从此入城，门外为七里街，大概因门外有一送别亭名七里亭之故。东门为市区和机场的分界线。

小南门，俗称通仙门，又名清辉门、前湖门，据传住在仙霞岭、烂柯山的神仙在此出入频繁。原门上有魁星阁为衢州八阁之一，传说天气晴朗的时候在城楼上能看见烂柯山，门外有魁星街。

大南门，也叫礼贤门、光远门，此门名得礼贤，原因有二：一说衢州建城官员尉迟敬德，曾在此门外迎接恩师，意为礼贤下士；又一说江山县曾经称作礼贤县，门通礼贤故得名。城门附近有空旷土地俗称花街头，是因十五闹元宵的队伍都集中于此，并由此地进城。门外有街名曰礼贤街。

1956 年，人民政府为了防止洪水侵袭市区，曾对城墙倒塌部分进行修筑加固。据老人们回忆，到 1972 年城墙上还能跑通。1981 年，因拓建城市开始拆除城墙，到 1989 年年底，市区古城墙仅保留水亭门、大南门、小南门三座完整古城门，以及已被堵塞的东门、西安门和东北门之间的残坏城墙。

衢州城墙是我国东南重镇的实物依据，是研究府城一级城池格局、规模等方面的实物标本。此外，衢州府城在选址和城台形制等方面皆有独到之处，具有很高的历史、艺术、科学价值。在一次次与江水的较量中，衢州人的治水经验也在不断刷新。临河而建的古城墙在抵御外敌的同时，也演变成防洪堤的一部分，历经无数次冲刷与重建，守护了这座城池，见证着治水历史的不断延伸。如今，衢州城的繁华和衢江的水运发达兴衰历史紧密相连，水运兴盛则衢州城兴盛。

二、防洪排水遗址——城河

所谓城池，有城必有池。衢州城河分为护城河和内城河（亦称内河）两部分，至今仍保存较完整的城中水景斗潭湖、南湖即为古之护城河，是衢州整个城市水系的重要组成部分。《衢州市志》云："衢州城河由外濠和内城河组成，相互贯通。具有护城、引水、排水、灌溉、泄洪多种功能。"濠，亦称护城河，是由人力挖掘的围绕城墙的人工河。

（一）护城河体系

斗潭湖在古城北侧，西起德坪坝，东达府东街，全长 1170 余米，占地面积 3.64 万平方米，水城面积 2.09 万平方米。因地势较低，历来作为特大洪灾时德坪坝调峰泄洪保护城区安全的区域。每当洪水暴涨时，德坪坝即被滔滔江水淹没，而后江水进入斗潭护城河，历经数百年的冲击，曲折如星斗，深处成潭，故名斗潭。

2005 年，为提升城市品位，市政府结合城市水系改造，开始整治斗潭河。拓宽河岸，除去河底污泥，再对整个河床用石灰消毒，然后用鹅卵石铺砌河底，两岸周边均用石块筑成堤岸，跨湖修筑步行石桥，又从东门引进乌溪江活水。曾经"泽国燕啄泥，荒草秋风低"的斗潭湖，成为供市民休闲游览的斗潭公园。2017 年，斗潭公园第二次改造提升，以斗潭湖为核心景观带，重点实施城市书屋、环河智能绿道、河中绿岛、府城地雕改造、亲水平台、生态驳岸等系列项目。

南湖，古称南城濠，在古城南端，东西走向长约 1200 米，宽 20 米至六七十米不等，有 3 座拱桥横跨南北，是衢州古城水系中重要的组成部分。早在三国鼎立年代的吴嘉禾五年（236 年），孙权遣征虏将军，以千人守峥嵘镇（今府山）时，发动官兵和当地百姓顺水流向挖掘城濠（即今南湖等）。另据史书载，古人在修筑城垣时，往往同时疏浚南湖。至明代，南湖已基本形成今天的规模。

1990 年，市政府着手开发整治南湖，疏浚湖道，引清水入湖。2000 年年初，南湖水道被彻底疏浚，堤岸、道路、栏杆等设施被修缮，景观布局得以完善，南湖的环境更为优化。月桥落翠岸，白云波上浮。曾经的城市护城河、重要的天然泄洪道，而今蝶变成为靓丽的城市风光带。经过数年营造，斗潭湖、南湖都已成为景色秀丽、环境宜人的水景公园，湖中水光潋滟湖畔绿树婆娑、高楼林立。

（二）内城河体系

内城河始掘于南宋乾道元年（1165 年），时任那守何儒引石室堰水于护城河之同时，先在城内开凿渠道，后于通仙门外护城河（今之南湖）中筑一坝，在坝之北端临近城垣处再建一闸，将水引入城之新开渠内形成内河，功能之一是供居民平常日用，二为防火。护城河与内城河间之引渠置于通仙门西侧八丈处，然后其水分为二道：一道折东沿府学北上至东武楼下，一支折东，经府山北麓在宝刹坊沿菱湖北上，西北行至永清楼（原 453 医院东北隅）处开渠与北护城河相通，一支从东武楼下继续北上经今化龙巷穿越拱辰门之东与北护城河相通；二道即其水折西沿狮桥、经仁德坊衣锦坊于月坡亭处折北达甘蔗桥，再折东历华丰楼、仙履（莫家桥）东流与乌桥之水合。当时衢城水系相互连通，兼具运输、调节洪水、城防等多种功能。1949 年后，东段护城河纳入机场，内城河相继填为街路，由此南北两段城漆由河成湖（即今之南湖、斗潭湖），南湖之水仍由石室堰水经水闸注入。蝴蝶路一带建筑多，原来的明渠改为地下涵管涵洞。

衢州民间有"绍兴鹅，宁波鸭，衢州乌龟爬石塔"的民谣，俗传峥嵘山下衢州古城是九龟福地共有九尊石雕神龟，卧守在古城东、南、西、北四隅八座。有学者认为，"九龟"实际上是讲"九圭"是指城中水利设置的九个关键部位，是筑城时用以引水的九个风水地块。《老子》云："上善若水水善利万物而不争。"衢州城南有乌溪江，西有衢江，且河塘、湖泊密布，而水利资源因势利导让水中有城、城中有水。

衢州古城内河体系曾十分完善，颇有小桥流水人家之气象。清代邑人叶如圭言"贯十桥而回环，周九里而曲绕。藉以近供释汲，远洒街尘"为当时真实写照。古时候，城市管理的第一要务是兴水利和除水患。在衢州城之西、北，衢江（水）绕城而过，东为乌溪江，水利条件甚好。再经过历代府衙、县衙的努力，在衢州城内也创造了良好的水利条件。

三、防洪排水遗址——古风今貌

衢州城防洪排水遗址风貌古朴，还能看到水亭门、古码头、城墙等遗址，是古代府城古水利工程的经典。水亭门在衢州古城之西，临衢江，也称西门、航远门、朝京门，从古至今都是衢城保留最完整、最繁华的区块之一，水亭街的繁华和衢江的水运兴衰紧密相连。水亭门上面设有阁楼，古称"碧春楼"，城门外即水运码头，为衢江航道上最重要的码头。旧时铁路、公路兴盛前，水运为最重要的运输方式。自唐宋至明清，衢江航道上千帆林立，大小船舶穿行如织，货船、客船、渡船、花船、木排等沿江排列，熙熙攘攘。码头为由水路进衢城的必经之处，来自安徽、福建及衢州周边地区的货物集散此，本地的竹木、柴炭、石灰、土纸等物资也多从这里发往外地。民国《重建水亭门城楼碑记》载："肩摩毂击，不绝于道，为衢郡六门之冠。"

在漫长的历史年代中，衢州古城城邑经过历代名师营造的古城建筑，从选址定向到总体规划设计，乃至建筑的每个细节，都与周围的自然环境浑然一体，建筑与自然、人与建筑之间处在一种高度和谐的状态。如今，从衢江彼岸遥望衢州城，一塔一阁遥相呼应，是一组和谐的城市景观。高达 38 米的梁代古塔天王塔位于南端，建于清康熙四十一年（1702 年）的文昌阁位在北端，宛如一座硕大的笔架横卧古城，与相映其中的水亭门城楼和小西门城楼及古城墙，融合成一幅具有江南诗韵的水墨画。

　　紧邻古城墙遗址，是按照国家 5A 级景区的标准规划打造建设的古城墙遗址公园。其于 2015 年规划、2017 年建成开放，范围为东至上下营街、天后街，南至南湖西路，西至衢江，北至西安门，建设内容主要包括水亭门西侧古城墙遗址公园、衢江中路下穿隧道、江滨公园景观提升停车场配套、景观亮化、综合管线改造、交通设施、水亭门亲水平台建设等。古城墙遗址公园以信安湖、西安门、水亭门、小西门和洪山坝城台共同组成滨水休闲带和城墙遗址体验带，形成三门、两带、一城台的规划结构，现已成为衢州古城最具亮点的核心景区。

　　近年来，衢州借助通江达海的地理优势和南孔影响的文化输出优势，成为全国首个"中国文化旅游融合创新实验区"。2018 年 11 月，衢州市公布《衢州市区古城双修十大工程实施方案》，在住建部要求加强生态修复城市修补（即"城市双修"）工作的基础上，正式开展"古城双修"（内外兼修、内外双修）。"内修"就是要重振古城活力、重铸古城文化重拾古城生活；"外修"就是要重整古城生态、重织古城交通、重构古城设施，最终达到"留形、留人、留灵魂，见人、见物、见生活"的目标。

　　在绿水青山就是金山银山理念的驱使下，以水置业、用水塑景、靠水兴城，成为城镇建设和发展重要举措。2011 年始，衢州以乌引工程、塔底水利枢纽工程等为依托，完成堤防改造、绿化景观提升，将衢江中心段打造成美轮美奂的人工湖泊，并建成"春季樱花浪漫，秋季黄金水岸"的城市滨水长廊，为人们提供了集水文化、古城文化三江口景观、生态文化于一体的旅游度假场所。不久的将来，游客不但可以品茶赏风景，还能坐船游古城，"水润衢城"的理想真正照进现实。

第六章
残碑藏真迹

　　水利石刻（碑刻）是指记录治水活动等语言信息资料的石质载体，主要包括摩崖石刻、碑制石刻。衢州水利历史悠久，成就突出，在长期的水利实践中，先民们"治水留痕"形成了独特的水利文化。它真实记录了各历史时期的水文变化、水灾水患、水利工程和水利制度，具有十分重要的历史文化价值。

一、清顺治黄陵堰碑记

　　清顺治黄陵堰碑记，位于在毕家桥头祠内，石碑保留完整，碑记内容如下：

　　三衢，故郡东浙上游之奥区也，界豫章闽越，凤称冲剧首邑，信安提封二百里土宇、版章广袤、鳞次厥赋，惟中上亘山水环城西，信安溪波流清驶，至婺之瀫江汇于睦，趋严，濑富春折为钱塘入于海，此大川也。去城南三十里，则定阳溪发源栝州，远至烂柯山麓数里合于大川，柯麓稍上，乱流积石坊水拦入，引灌平畴万余顷，东南其亩堰曰石室坂，曰暂宫。此附郭广衍之上腴也，次则黄陵堰，又石室上流诿迤叠石，灌注南亩数千顷，舟筏过石室，望见循岸涓涓带水，即黄陵堰路也，夏潦既降沙崩石，浉农人荷畚锸筑治，而后水归于壑，以望岁有秋，自来居人要约，统计田六千八百亩，分为十段，阖定堰长人夫递岁轮当，十年既周而更始，法易守而不扰，无挠成者，近即有明万历崇祯历年约法，班班可考，新朝天造草昧。私人起而更之，每岁议签，堰长或履亩箕敛兼并之家。得以欺隐中户，惴惴无宁宇，且人避就不任事而堰遂废。昔之沃土皆为石田，余时莅任，兹土轸念民依悉意经方知法有可变不可变。邑令白君审相沟，遂率先劝督于此堰，尤置力代狩王公巡行县，鄙傲载东作集三老力田，谆谆劝课则赐之孟酒豚蹄．咸欣欣相告曰此旷典也。吾侪小人，田间水利非得仁人在位定一是而世守之，保无中格乎。遮道祈请檄下府，余谓法公则无偏，明则不眩，政平如水而信，亦如之从民之欲而利之，斯得矣案牍云筑堰，灌田计亩出夫，按年轮筑，一年之劳而有九年之逸，何纷更私派为审慎详明。迄直指年公杨公而后，允议复结众忏手加额谋伐石，镌碑以垂永图，因跻堂请余为记。余惟公私设法画一，则规随可久二三，则畸重屡迁利，既百而更之，则害亦百矣。古者巡狩省岁，小民得与天子相见，言所疾苦。今则代天言者，有司以告定为石画，所谓上酌民言则下天上施也。或曰信安堰首石室，岁保堰长，人亦苦之，何不知此法之良也。余曰衢自山郡非若吴会水乡多浸，原湿既殊为堰则一然石室暂宫地广人稀，极目茅茨流徒单户，其田多邑中之产，散处市廛未易鸠合，故官为计亩薄敛征，发雇役岁，取堰长非得已也。若黄陵庐舍相望，农畦高曾垅亩，土著重迁合计分年田多主督其次，亚旅助催，递为践更至十年而更始。力节事时期会定而致力，专劳苦均而安享久，虽长子孙不易可也。此石室之所不能。然也，何异同焉自此一方之民，百室宁止屡丰多稼。田畯喜曾孙庆不已，康乎浸假，畏垒大穰尸祝而社稷之此，庚桑，所谓杓之民也，吾胡为不忘笔尔而为之记。

顺治十七年岁次庚子四阳月上浣之吉旦。

赐进士第知衢州府事前奉政大夫刑部尚书郎云间袁国梓撰。

同知郭建章，通判唐士魁，推官孙鲁，知县白拱薇、戴圣徽，县丞钱国珍，典史李福。

后列逐年修筑黄陵堰沟路古制堰长总小甲人夫田亩作册页式，名黄陵堰古制册凡九页，堰长十年轮当，各有正户朋户贴户派定差米，总甲二名，分督小甲各五名，小甲各依管内田亩督催人夫，开沟筑堰，工较巨者集众力为之，制已久废不具录。

（辑自民国《衢县志·碑碣志二》）

二、清康熙马公筑堤碑

清康熙马公筑堤碑，即酒罂坝后更名德平坝。原碑未见，依嘉庆县志录：

衢城西郭外铁塔底迤北五十丈，地势低洼，每逢春夏之交，江水泛涨，冲决河堤，遂奔流入城，东北二隅庐舍尽遭淹浸。

闻康熙二十五年，波臣肆虐，漂没庐室坟坞茔，而北门吊桥亦被冲塌。有北门关帝庙僧智明发愿创始，立修苦行，日夕募缘付董事，筑成土堤，惜不能敌彼狂澜。太守靳君为书疏布简劝募襄工，屡修屡溃，吊桥随亦损坏难修。五十八年，守戎张君善敬复易以石堤，而智明仍艰难独任·始终弗渝。无如物力不充，未能保固。余于五十九年甫莅兹士，见堤工低薄，因捐俸付守戎，添置石料帮修。六十年春水骤发，又于北首冲决数丈，城之内外依然一望汪洋。余复商之张君，添购石料修筑。至六十一年春，余诣堤周匝审视，尚觉单薄难支，又捐己俸，于石堤之外贴帮卵石一层。工虽报竣，而石墙太直，似不能冀其坚久。随又募夫运石帮砌墙根，下层宽一丈余，上层三尺收顶，连前筑堤顶共一丈五尺，堤根四丈有奇。奈堤之迤南一段，实波澜受敌要口，又兼地势难存土石，乃置坛贮砂，自堤根垒至堤顶，方能保全。然斯举也，余初不过竭己之诚，尽人之力，何功之与有焉。若以之沽名徼福，君子耻之矣。乃士民咸谓，生民之得以宁其居，我祖若父之得以安其窀穸者，皆某之功。遂相与建祠设像，刻石立碣而志之，并名之曰马公堤。时余适有括苍之役，缆舣堤下，值天雨掩篷，匆匆放棹，未及回顾。追旋衢，泊舟登岸，见巍碑已立堤上矣。令人局蹐不安，赧颜汗颡，亟召耆老撤去之，众皆坚执，余强之至再，始异而别置焉。但波涛莫测，兴废靡常，倘后来之贤士大夫不没斯工，及时修举，利益民生，是固余之厚望也。因将先后输金芳衔，勒于石之副面，以表前之乐于为善，兼劝后之勇于效义者。僧人智明募化尽心，得以收圆善果，其功洵不可泯没，今即命其移住堤左之周王庙，月给米三斗，俾得殚力住持，朝夕治其堤，务勿许舟子钉桩、打橛，损坏堤根，庶几共图永久。若余之区划咨谋，幸完此局，亦藉以少抒勤民报国之心，岂敢掠美施劳，以蹈声闻过情之耻哉！

康熙壬寅八月，协镇衢州等处地方左都督管副总兵事北平马璘勒石。

（辑自民国《衢县志·碑碣志二》）

三、清光绪癸未重修德坪坝碑记（存）

光绪八年壬午夏大雨匝旬，溪流暴溢。五月初四日，瞬息间水涨辄逾尺，城西北有坝曰德平，内为壕河宣池之门，外御溪水倒灌之路，西北城根赖以免冲刷之虞，迤东村落坟墓赖以免漂没之患，固不仅附近田亩藉资保卫。是日冲坍，洪流内注，东北郭一望汪洋，尽成泽国，水落后往省视，断石交错，旧址已不复辨，观察联公郡尊刘公进炟而言曰，若坝利民者甚巨，宜亟筹，所以复之承命，悚仄雇以经费巨，不易措，至今年春仲方始兴修，坝面较旧高三尺，基脚较旧深三尺，栋长二十三丈有奇，实以石筑以土融以石灰，栋外大路使宽敞平衍，以杀水势。时春夏之交多雨，工辄阻三阅月而告成。溯之创始详于马公璘碑记，雇求所谓酒坛旧规，杳不可得，盖自康熙间以至于今，阅时既久，更张必多，中间兴废非常，无可考证矣，兹长坝岿然足敌巨浸，诚联公刘公所以福衢者，厚而董是役之陈明，经晋卿王茂才德鑅其功在枌榆亦不可没也，于是乎言。

光绪九年岁次癸未孟秋月知浙江西安县事南城欧阳炟谨撰，衢州府司狱长沙徐葆谨篆。

（辑自民国《衢县志·碑碣志二》）

四、清光绪戊子重建德坪坝碑记（存）

光绪十有三年冬，余自安洲移率是邑。明年春，出西郭，见乱石纵横水滨。询居民，则曰："此德坪坝也。往圮于水，城以北田庐丘墓多半漂没，至今未修。"闻之故老，坝创国初，其间圮而复修，修而复圮者，盖三百年于兹矣。近来民穷力薄，岁且荐饥，奈何？余应之曰："此守土者责也。"归适小极，邑绅王君藩来视，语坝之兴废事甚详。异日，廪生王德惠等亦以修请，而议者以支绌欲寝。嗟夫，民事不可缓也，若不早为之，所其何以自安？于是往复履勘，遂恍然于屡修屡圮之故矣。盖坝基近里而岸兀出于前，水石不相下，有不为之潜伤者乎？且旧修，叠鹅卵石，灌以沙土。沙性松，水过则随之而去；石体圆，一冲则群焉而靡。是殆立法未精而用人未当欤！邑绅程君炳耀好义士也，往年曾修石室堰，法甚善，沾水利者，计田二万亩，乃请于观察、联公太守、荣公程君董其事。遂尽易旧制，坝基置外岸与之齐，叠以盘石，抹以油灰，贯以铁楗。急流不能啮，回澜不能侵，赫赫然大观也哉！程君躬持畚锸，日与工人伍，虽骄阳江暑，淫雨烈风，不少间，论者谓人所难能。初坝甫成，水骤至，堤几灭，余以新工，势岌岌。与程君抢险，祷于周王庙，雨未止，而水落，斯殆神呵护一方而力为之障欤？抑程君勤厥事，而默为之相欤？除旧，计新筑长二十二丈有奇，上宽一丈六尺，底宽二丈八尺，高七尺，加堤堰二尺，越两月而工成，共用钱九百二十余缗。事竣，佥曰："善，莫不以程君之相与有成为足多也。"苏子曰："无责难者将有所深责也。"又曰："使心无顾忌，故能尽其材。"而责其成功是役也，使囿于旧法，恤夫人言，安望其至今岿然也。噫！有治法，不可无治人，天下事大抵如斯，坝其小焉者耳。因兹有感，而遂为之记。

知西安县事上元伍桂生撰，婺源余家鼎书并篆额。

光绪十有四年青龙在戊子秋九月日泐石。

（辑自民国《衢县志·碑碣志二》）

五、清光绪重修石室堰碑记（存）

西安地势踞上游，水驶滩急，田畴沾溉，所在皆资潴蓄，讲水利者，因其源而导之，节其流而用之，于是乎有堰坝之筑。距城二十里有石室堰，邑东南六十万亩民田胥赖灌注。其水发源闽处二界，而至石室地方作堰。留之涝有泄，旱有储，利甚薄也。此堰创于宋南渡时，相传二尹张公殉身以成其事，至今立庙祀之，流泽罔替，惟岁历绵邈，浍路沙石壅塞，且遇春夏山水冲激其堰，时筑时圮，不能垂久，余戚然忧之，适观察郭公式昌亦以是举切中民生，属为勘办，因偕邑令诣其地勘察多次，相度形势乃另择支港以达其流，改筑袋口以引其注，两旁礱砌缜密，冲刷无虞，其水迤逦入沟，无复曩时沙砾淤阻之患，尤可喜者，于所新掘之港，突有水脉涌出，源泉万斛，汩汩而来，更可为顺轨利导之证。所谓思之，思之鬼神通之者也，是役凡历壬寅癸卯两冬而成，一切庀具庸工皆取给于堰中，自然固有之利，故能瞀鼓烦兴而民不扰，张公之庙亦得以其余资而重新之，念旧德也，督其事者为邑令胡君寿海，襄其事者为博士孔君庆仪，工既竣，爰绘刊新开港图于碑，后俾后之从事于此者，按图可索，因并述颠末而为之记焉。

钦加盐运使衔花翎候选道特授浙江衢州府知府加三级纪录十二次世蕭。

钦命二品顶戴浙江分巡金衢严道兼管水利事务加五级纪录十次郭式昌。

同知直隶州特授浙江衢州府西安县知县加三级纪录十二次胡寿海。

光绪三十年岁在阏逢执徐如月上浣泐石。

（辑自民国《衢县志·碑碣志二》）

六、万宁祖庙碑记

樟树潭里盐店村的万宁庙又名茶园殿、万宁祖庙（图 6-1），庙里塑有关公像。2012 年 10 月 23 日，其庙内有一座万宁庙碑，碑身为青石材质，碑已断裂成两块。碑头字用篆文刻成，可辨认，是一件可移动文物。该碑记目前位于衢江区实验中学东边中埠头村的一户农户的菜地里。

万宁祖庙碑的碑底部文字已残缺不全，但总体保存完整。石碑的长度是 160 厘米，宽度是 82 厘米，捐资壹元区名字加金额的长度是 20 厘米，每排有 21～24 个名字，断掉的残碑至少有 30 厘米。之前的万宁庙石碑上清楚地刻着"万宁祖庙"四个大字。

石碑上的文字记载内容大致是：万宁庙始建于宋代，清咸丰年间痛遭兵燹摧残，几作丘墟，故而碑身断裂。谚云："沧海桑田，其断之谓典，同治初期，先祖在今亦为社会公益之事实，夫后人兔与荆棘负驼□者，非无田也，然谷时代仙物遮天蔽日，清之公卿国不□□，遥远望庙墙倾须，势频贴危，步入为堂，梁木其委而，而雨廊仓极今呼殆哉，不贸然飞沸，遂向数村勤募，多家□□月之久而魔资三百有余，现已告竣矣，兹将捐输芳名扡序披露以垂不朽云而里人汪康彰"。

捐款者姓名和捐款数额，共计收取捐款英洋三百七十九元（379 元），开支付款是英洋三百八十一元六角八分五厘（381.685 元），两抵超支二元六角八分五厘，汪宪章包给所进出之洋另有细单抄粘碑家以记。最后落款是：中华民国拾壹年岁次成仲冬月下浣首事振兴会。根据碑记统计，为修缮万宁祖庙捐款的商家、协会、公会共计 15 家，捐资 103 元；以个人名义捐资的有 126 人，共计

276元，合计379元。收支账目均记录于碑记上，内容毫厘不差。

图6-1 万宁祖庙遗址

第七章
庶几守耕读

第一节　灌　溉　工　具

一、灌溉工具历史

古代农业灌溉工具的进步是推动农业生产发展的重要因素之一，农业生产的发展也离不开水利工程的兴建。古代人民创造了种类繁多的农业生产工具，其中各式各样的传统灌溉工具发挥着重要作用，在各个历史阶段为农田灌溉作出了重要贡献。从戽斗到翻车、由人力到机械的不断创新变革中，可以清晰解读衢州农业灌溉工具的发展脉络。

《诗经·小雅·鹿鸣之什》中的《白华》记载"滮池北流，浸彼稻田"，说明在周朝时期，人们就已经有意识地去引水灌溉了，如将沟渠挖开引水到农田。古代的灌溉工具出现大致分为以下几个阶段：

（1）从远古到春秋时期。远古时期，先民们刀耕火种。直到商周时，人们开始"抱瓮而灌"，即在河道或者挖的井中，用陶罐打水，人力抱着浇到苗下。这种方式灌溉面积小，费时费力。春秋时期，"桔槔"应时出现（《庄子·天运》曰："且子独不见桔槔者乎？引子则俯，舍之则仰。"），但功效甚微（宋应星《天工开物》中说："用桔槔、辘轳，功劳又甚细已。"）。

（2）从战国到三国时期。早在公元前1100多年前，汉族劳动人民已经发明了辘轳（据《物原》记载："史佚始作辘轳"），到春秋时期辘轳就已经流行，并广泛地应用在农业灌溉上。汉朝末年，"人力翻车"由宫中太监毕岚所造（《后汉书》卷七八《宦者列传·张让》记载："毕岚……又铸天禄虾蟆，吐水于平门外桥东，转水入宫。又作翻车、渴乌，施于桥西，用洒南北郊路，以省百姓洒道之费。"），类似于现代的皮带机，两侧有挡板，中间可以活动，利用人力踩动顺着活板汲水。汉代覆灭到三国时期，机械发明家马钧改装翻水车（《三国志·魏志》裴松注："魏明帝时有扶风马钧，巧思绝世。"），改进后的翻水车十分轻巧，转动方便，对后世影响很大。

（3）从隋唐到宋朝时期。隋唐五代时期，长江流域出现了"高转筒车"。优点是可以将水汲到高处，缺点则是必须要借助湍急的河水流动，而且上面还需要很大的人力或者牛力来作为提水的动力。同一时期，北方开始使用"立井水车"（一种立在井上的工具）。宋朝时，水车有了革命性的进步，出现了"水转翻车"。之所以说是革命性的改变，是因为这种水车利用水流的力量进行灌溉，缺点是水流过急，则会冲坏水轮，而长期泡在水中，也需要定期更换水轮。

（4）从明清到现代时期。明清时期，在宋代基础上发明了"风力水车"，类似于现代风车，全车分风车和水车两部分，风车将风能传递给水车，由水车将能量传给所汲水体，然后将水从沟渠里吸出来。《天工开物》记载："扬郡以风帆数扇，俟风转车，风息则止，此车为救潦，欲去泽水，以便栽种。"

到了近现代，随着世界工业革命的到来，浇水工具发生了翻天覆地的变化，我国科技进步之快让世界惊叹，各种现代化灌溉技术争相问世，现代农业的智慧化、数字化、科技化更加凸显，促进了农业的大力发展。

位于钱塘江源头的古代衢州，尽管境内水网密布，但因水系皆为雨源型山溪性河流，源近流短，没有大型容水性库塘，旱灾常常无情降临，魍魉虐行，伤禾稼、饥民众，一代又一代的衢州先人们从未停止过与旱灾的抗争。衢州的灌溉工具应用较早，相传从夏禹的时期就开始发展，在春秋时期得到了大力发展，从最初的"抱瓮而灌"到明清时期的借助风力，再到现代化数字化农业革命，衢州人民从最初的人力提水，到借助他力负山引泉、筑堰引水，最后到完全脱离人力进行科技化农业灌溉，古今人们的智慧随着时代的进步而进步，并服务于水利灌溉事业，而我们的生活也因技术的变革越来越便利，越来越幸福和美好。

二、古代提水工具

（一）桔槔

桔槔（图7-1）俗称"吊杆""秤杆"，是古代汉族的一种农用工具，是一种原始的汲水工具。在商代，人们已经开始在农业灌溉方面采用桔槔。其结构相当于一个普通的杠杆，在一根竖立的架子上加上一根细长的杠杆，当中是支点，末端悬挂一个重物，前段悬挂水桶。一起一落，汲水可以省力。当人把水桶放入水中打满水以后，由于杠杆末端的重力作用，便能轻易把水提拉至所需处。桔槔早在春秋时期就已相当普遍，而且延续了几千年，是中国农村历代通用的旧式提水器具。这种简单的提水工具虽然简单，但它使劳动人民的劳动强度得以减轻，成为中国古代社会的一种主要灌溉机械。

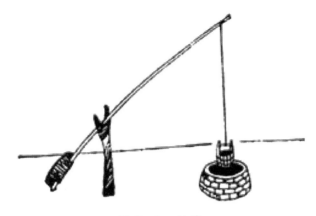

图 7-1 桔槔

桔槔始见于《墨子·备城门》，作"颉皋"，是一种利用杠杆原理的取水机械。早期的桔槔主要用于园圃中的"井"上，代替缸、瓮等来汲水灌田，后来也应用在湖、河、塘、溪的边上汲水，尤其在浙西衢州等地区被普遍应用于农业灌溉，桔槔从发明之日起直到现代，其结构、原理和操作、使用均没有发生任何原则性改变，至今衢州各地农村均留有桔槔提水灌溉的遗迹和遗存，为我国的灌溉技术奠定了一定的基础。

（二）辘轳

辘轳（图 7-2）是汉族民间的提水设施，由辘轳头、支架、井绳、水斗等部分构成。它是利用轮轴原理制成的井上汲水起重装置。在南朝宋时期，刘义庆的《世说新语·排调》记载"顾曰：'井上辘轳卧婴儿'"。而在北魏时期，贾思勰的《齐民要术·种葵》记载"井别作桔槔、辘轳"。此外，辘轳也可指机械上的绞盘。

图 7-2 辘轳

辘轳作为提取井水的起重装置，井上竖立井架，上装可用手柄摇转的轴，轴上绕绳索辘轳，绳索一端系水桶。摇转手柄，使水桶一起一落，提取井水。辘轳也是从杠杆演变来的汲水工具。据宋代《物原》记载："史佚始作辘轳"，史佚是周代初期的史官，说明早在公元前1100多年前中国已经发明了辘轳。到春秋时期，辘轳就已经流行。

起重辘轳的早期记载见于刘义庆所著的《世说新语》。而"绞车"一词，则最早见于《晋书》中的描述："作绞车以皮囊汲之"。井辘轳应用的较早记载见于南唐李璟（916—961）的《应天长》词："柳堤芳草径，梦断辘轳金井。"《农书》还记述了一种复式辘轳，"顺逆交转，所悬之器虚者下，盈者上，更相上下，次第不辍，见功甚速"。绕在轴筒上的绳子两端各系一个容器，起一定的平衡作用。

古代，辘轳的制造应用与农业的发展紧密结合，被广泛地用于农业灌溉。在长时间的运用过程中，虽有改进但大体保持了原形。直到今天，在北方的平原、山区，辘轳仍然是深井汲水的主要工具。在其他工业方面，有使用牛力带动辘轳，再装上其他工具用来凿井或汲卤的，传统农村题材文艺作品常常将辘轳作为农村代表性的景物。辘轳的发明，克服了桔槔仅适宜于浅井或水面开阔的沟渠的局限。它运用定滑轮原理，将单向用力方式改变为循环往复的用力方式，可从深井中提水，既方便又省力。

（三）戽斗

提水抗旱是衢州先民们采用的又一种抗旱方式。这一抗旱方式需要借助抗旱工具。历史记载中，我国最古老的提水工具是戽斗。戽斗，用竹篾、藤条等编成，略似斗，用粗绳缚于其上下两端。使用时两人对立，双手各执一绳，拉绳汲水，由低水面向高处往复淘水。

戽斗（图7-3）是衢州先民使用的重要抗旱工具，很早就用于灌溉农田了，陆游《喜雨》诗："水车罢踏戽斗藏，家家买酒歌时康。"清代李斗《扬州画舫录·虹桥录下》载："〔龙船〕顺流而折，谓'打招'。一招水如溅珠，中置戽斗戽水。"但由于人的身高所限，戽斗的提水高度一般在0.5～1米。有些地方把水斗做成簸箕形，绑在杆上，一人操作即可。

戽斗适宜在落差不大的水岸边使用，可用于排水，也可用于灌田。戽斗的制作并不难，难的是田间操作，需要由两人协同作业，双手执绳，必须做到抽拉提放，配合默契，协调一致，才能把水戽上来。因操作难度大、费力、效率低，无法进行大面积的浇灌。戽斗作为一种人力提水的农具，一直沿用至今，在小范围排灌或临时的灌田作业中，仍展现出其灵活与方便的特点。

（四）水车

水车（图7-4）是我国最古老的农业灌溉工具，是先人们在征服世界的过

图 7-3　戽斗

程中创造出来的高超劳动技艺，是珍贵的历史文化遗产。相传，东汉灵帝时期，毕岚造出了雏形，已有轮轴槽板等基本装置。经三国时孔明改造完善后在蜀国推广使用，隋唐时广泛用于农业灌溉，已有 1700 余年历史。

图 7-4　水车

　　水车高 10 米，由车轴支撑着木辐条来工作，当河水冲过来的时候，水车就会借着水流的惯性慢慢移动，将水斗一个一个地提上去。水车的发明极大地解放了劳动力，节省了人们的工作时间，提高了效率。

　　我国水车灌溉使用很早，《宋史·河渠志》："地高则用水车汲引，灌溉甚便。"据王祯《农书》记载，水车分龙骨车与高车，龙骨车又分脚踏水车和手摇水车。脚踏水车多用于较平坦的盆地。手摇水车只在车头装上摇把，较小较轻，拆装简便，多用于小型地块浇灌。脚踏水车与手摇水车同样需要人力，但脚踏水车吞吐量更大，工作效率更高，因此它的使用范围更广。

水车在衢州的应用尤为广泛，当田地干旱到一定程度，衢州人民便开始动用水车抗旱。踩踏水车繁重而艰辛，农业灌溉需要消耗大量体力，可谓是"日行千里，原地不动""磨断轴心，车断脚筋"。相比于普通的龙骨车，高车（即翻车）则更轻便和省力，节约了大量人力成本，让抗旱的效率大大提高。所以，衢州的先民们一代代将其流传下来，直到电动水泵的普遍使用，它才完成了历史使命，悄悄地退出历史舞台。

三、竹筒引泉

　　对于生活在衢州山区的先民们来说，筑堰引水并不合适，山下的江河距离他们的田地太远，就近的涧水由于落差太大，根本无法筑堰引水。

　　竹筒引泉（图 7-5）是衢州山区先民们巧妙利用自然材料构筑的输供水技术，凿通腔内竹节的长竹筒串接在一起，连接成封闭性的水渠，形成规模或大或小的引水系统，把泉水从高山泉眼处引到需要灌溉或饮用的地方，甚至直接通到自家的水缸里，叮咚之声不绝，形成山区特有的诗意风光。

图 7-5　竹筒引泉

　　早期的衢州农村，常常会看到这样的场景：一条从深岭中引水的竹连筒被固定在山壁的半腰，下方便是山道，"竹龙"与山道相伴延伸，以致道上的行人久久听到头顶上的竹渠里水流奔淌的哗响，却只闻水声而不见水影。

　　除了竹筒引泉，山区先民们还发明了地貌型引泉排灌法，比较典型的是衢江区岭洋乡鱼山村那套"祖传"的排灌系统。这套排灌系统包括水渠 6 处，地下暗渠 3 处，明渠 3 处，总长度约 3000 米。排灌系统的源头山区林木茂密，利于水源涵养。纳入排灌系统的所有山泉水均受系统控制，流经山坡的梯田，分出一部分为农田用水，又经排灌系统多级小跌水，减缓流速后流进村庄，为村民提供日常生活用水。这套排灌系统根据地形因势利导，巧妙地把山泉水通过

人工干预修筑成完整的，集排水排洪、引水灌溉和生活供水于一体的微型水系网络，因而成为负山引泉的经典之作。

四、筑堰蓄水灌溉

衢州境内有衢江、乌溪江、常山江、江山江、灵山江、铜山溪、芝溪等江河溪涧，每逢旱灾来临，如何把这些江河溪涧里的水利用起来，灌溉到两岸的农田中，是衢州先民们渴望解决的水利大事。早在6000多年前的新石器时代，长江中下游地区的原始水田区，那里的先民们创造性地利用骨耜、石犁和破土器开沟筑埂，排水辟田，引水灌溉，初步解决了农田旱灾和人畜饮水。衢州的先民们也因地制宜，创建了多种类型的堰坝蓄水灌溉工程。

据史料记载，从东汉开始，衢州就成为浙江省建设堰坝较多的区域。南宋时兴建的石室堰，元代兴建的五墅堰、桃枝堰、马迹堰、大炎堰、章堰、黄泥堰等，在衢州抗旱史上都发挥了很大作用。到明嘉靖四十三年（1564年），衢州范围内有各个时期建造的古堰坝293条。民国《衢县志》记载，衢县有名称的堰坝就有146处，分别分布在乌溪江、上下山溪、芝溪和铜山溪等衢江支流上。如铜山溪有五墅堰、章堰、黄泥堰；芝溪有桃枝堰、草鞋堰、清潭堰、千斤堰；乌溪江上有石室堰、黄陵堰等。到20世纪80年代末，全市有各类堰坝3000多座。

筑堰引水既有效保障农田用水，同时也成为乡村一道独特的水景观。石室堰为衢州古代最大的水利工程，据民国《衢县志》记载，石室堰修建于南宋时期，原堰长20多公里，直通衢州城区，号称灌田十万八千亩，同时也是古代乌溪江山区木材和山货进衢城的重要交通线和沿渠居民重要的生活环境用水的供水水源。旧时石室堰有72条沟，汇成东南北三大濠，再引濠水入城为内河。旧志称其为"一邑之关系"的大堰。如今，石室堰依然是市区重要的供水工程和重要的防涝、排水渠道，它深深润泽着衢州这个充满"水元素"的历史文化名城，为研究衢州古代农业水利和生产力发展水平提供重要的实物依据，更对衢州社会经济发展起到了重要的保障作用。

衢州境内的筑堰引水灌溉工程是古代山溪性河流引水灌溉工程的典范，其工程布局、工程技术体现了传统水利中天人合一的基本理念，蕴含着深厚的历史文化价值和科学技术价值，为当代水利工程树立了独特典范。

第二节　农耕工具

一、农耕工具历史

水车、水碓与水利设施相关，是农业农耕灌溉的重要工具。古代农耕工具种类繁多，有最早的锸、连枷、簸箕，也有后来的锄头、镰刀、犁耙、秒稠、石臼、石磨、谷砻、风车、独轮车等。随着机械和智慧农业的普遍应用，这些工具只能在书籍或博物馆里看到。

衢州自然条件有利于农业综合发展。从境内出土文物看，衢州在汉代已经发展成以种稻养猪为主的农业，北魏时已盛产柑橘，南宋传入永久性堰坝拦水灌溉技术，也开始栽桑养蚕，元代引种棉花，明代引进玉米、甘薯和花生。衢江两岸新石器遗址、商周遗址出土了数量不少的铸、铲等古代农业生产工具，就可视为衢州农耕文明的实证。本书则主要介绍几种与水有关的农具。

（一）水碓

水碓（图7-6）在衢州的山溪涧流常能看到，一般要在有坡度和岗峦的水渚溪边。1979—1982年间，衢县上方中学校址前的溪流边就曾经出现过一座巨大的木轮水碓。1990年，黄坛源西边各村落、药王山、乌溪江水库下游溪口、老佛殿后村等地都有水碓的身影，1988年版《衢州地名志》中也有众多村庄名字带"碓"，可见水碓应用之广泛。

图 7-6 水碓

关于水碓的出现，据说是魏末晋初杜预在总结水排原理加工粮食经验的基础上发明的。刘宋时代的祖冲之也制造了水碓磨，可能是一个大水轮水磨的机械。《古今图书集成》载：凡水碓，山国之人，居河滨者之所为也，攻稻之法，省人力十倍。

水碓是用水力、杠杆和凸轮原理去加工粮食的。水碓雄的构造，即在水轮的横轴上穿有四根短横木（与横轴成直角），旁边的架上装有四根舂谷物的碓梢。当横轴上的短横木转动时，就能碰到碓梢的末端，这一端压下，另一端就会翘起，短横木转了过去，翘起的一端就会落下。四根短横木连续不断地打着相应的碓梢，就能一起一落地舂米。水碓是用水力将粮食皮壳去掉的机械，它充分体现了古代劳动人民的智慧。

古代有大量关于水碓的诗词，如李白的"水舂云母碓，风扫石楠花"、岑参的"岸花藏水碓，溪水映风炉"、陆游的"溪碓新舂白，山厨野蕨香"以及杨万里的"也知水碓妙通神，长听舂声不见人"等，写尽人们在山涧溪水、绿树婆娑，溪石野菊、绿野田间里转着水碓，惬意闲适的桃源生活。诗中描写的这些清丽的乡村风俗画，说明水碓在唐宋时已经非常普遍；到了元代，农学家王祯在他《王祯农书》中，还有水碓图谱载入，这和衢州20世纪60年代看到的水碓已经相差无几。

（二）秧船

秧船（图7-7）也称秧马，最早的文字记载见于宋代，苏轼《秧马歌（并引）》"见农夫皆骑秧马，以榆枣为腹欲其滑，以楸桐为背欲其轻"，首尾翘起，中间凹进，形似小船，是插秧和拔秧必不可少的农具。陆游曾在《初夏》一诗中写道："已过浣花天，行开解粽筵。店沽浮蜡酒，步欀载秧船。"这说明，秧船早在宋代就成为农家传统的生产工具，而今天长江北一带（如扬州）也还能看到。

图7-7　秧船

衢州的秧船不同于苏北一带，很多农村的秧船其实是一只名为秧盆的木盆，与一般农家木盆别无二致。衢江南北，三四月插秧，彼时稻田灌水，水清如镜。由五六人或七八人，一字排开，赤脚下田，将一扎扎的秧苗用箕畚挑到田塍（田埂）上，然后推木盆下田插秧。到20世纪70年代，利用秧盆推广"小苗带土"，边插秧边移动秧船。不过，同是衢州，大南乡地方如黄家东山、王干秋一带，秧船形状如"船"，头方、尾阔、底尖，长60厘米，宽30厘米，底部隆起，上有拱形手把，使用时将秧苗放在里面，边插秧边滑动，从而达到插秧的目的。

中国古代农业发展历经数千年，农具究竟有多少实难统计。从最早的连枷、簸箕，到后来的锄头、镰刀、犁耙、石臼、石磨、谷袭、风车、独轮车等耕作的、运输的、产品加工的各类工具，真是不胜枚举。晚唐诗人陆龟蒙退隐后著《来相经》，专门介绍江南地区的农具，里面还载有图谱，在世界农学史上也堪称经典。当然，今天要寻找那些农具，有的也只能在市县一级博物馆里才能看到。它让人联想起旧时农民日出而作、日落而息的辛劳勤苦，那一件件农具都带着农耕文明的体温，藏着与大地相依相偎的深情。

二、古井水源

古代因井设市，故将人口集聚区称为"市井"。《世本·作篇》记载"黄帝见百物，始穿井"，《吕氏春秋》有"伯益作井"，说明早在虞舜时期，井已经出现了。凿井技术的发明在中华民族的发展史中有着重要的历史意义。

水井作为井的一个类别，主要是用于开采地下水的工程构筑物。一般以竖向为主，可用于生活取水、灌溉，也可用于躲避隐藏或储存东西。水井出现之前，人类逐水而居，只能生活于有地表水或泉的地方，水井的发明使人类活动范围扩大。中国是世界上开发利用地下水最早的国家之一，已发现最早的水井是浙江余姚河姆渡古文化遗址水井，其年代为距今约 5700 年。

"清甜数尺沙泉井，平与邻家昼夜分"，井提醒人们饮水思源，也体现人们的生活甘甜。一口井，便是一串文化记忆的载体。

（一）罗汉井

罗汉井（图 7-8）位于衢州市府山街道学街社区，井圈外方内圆，外径 43 厘米，内径 29 厘米。井台方形麻石条，井壁平砖错缝砌成。井壁内径 1.25 米，深 4.5 米。井水清澈，保存完整，井旁立有展示牌，井边墙上悬挂古井名牌。

图 7-8　罗汉井

该井年代现已无从考证,民间传说罗汉井巷有一长者,一天晚上梦到罗汉。罗汉对长者说:这条弄堂要在太阳升起的东头修一口井,饮用这口井里的水能免疫消灾。于是弄堂里的百姓一起出钱出力修建了这口井。

罗汉井所在的建筑位于衢州古城杨氏民居东南角,东临县西街,南面为黄氏民居。三面为建筑环绕,环境整洁,交通便利,目前罗汉井已不再作为周边居民主要汲水点,但井水仍然充盈清澈。

(二)新华巷双眼井

双眼井(图7-9)有双眼,位于府山街道北门社区新华巷52号,采用麻石制作双井圈(间距约15厘米),方形台面,井壁由条石搭砌,内径约1.5米,深5.2米。方形台面为水泥浇筑,并有多处裂痕,井盖已缺失。该井水脉较好,水面清澈,新中国成立前为周边居民的生活饮用水,现因居民都使用自来水,双眼井水已不再供人饮用,井圈内用铁丝网封护,不见井底,井周围地面用石砖铺砌保护。

图7-9 新华巷双眼井

双眼古井附近立有展示牌,以中文、英文、法文、韩文、日文介绍该井名称、历史信息,总体环境干净整洁,静雅优美,周边生活便利,目前已经成为衢州人民居住、生活、休闲、娱乐的重要场所。

双眼井所在的北门街历史文化街区也处于新华巷西北角、路北侧,其西南面有树一棵,北面以前是民居,目前已经建成文化广场,它的三面是廊道,一面是戏台,文化氛围极为浓厚,是衢州古老的水文化遗址重要代表。北门街历史街区是衢州市区仅存的两个历史文化街区之一,历史悠久,遗存众多,有赵抃祠、双眼井、古戏台、钟楼记等古城印记保留,让人们领略古代的车水马龙和繁华喧嚣。

(三)花园巷宋井

花园巷宋井(图7-10)位于府山街道县学街社区花园巷1号东南角,为衢州市重点文物保护单位，1984 年 11 月市粮食局基本建设时发现此井。井壁用扇形宋砖错缝平砌，保存完整。井体呈倒漏斗状，井口直径 65 厘米，深 711 厘米，井口出地面 54 厘米，有两面井壁上分别书有"宋""井"二字。

图 7-10　花园巷宋井

　　花园巷宋井整体保存较好，井外壁用钢筋罩，井口上盖玻璃 1 块八角形用于隔雨隔尘。井口有宋砖铺路面，井内外有唐宋时期文物出土。从文物和底层关系分析，该井为宋代古井。1993 年 10 月 18 日公布为市级文保单位，1994 年 12 月由市文物管理委员会进行了修复。

　　府山街道地处金衢盆地西部，地势平坦，一般海拔 66 米，西依衢江。宋井所在的位置为衢州市下街第五粮站西北角，井的西南面为衢州市建筑总公司中心实验室，西北面为居民住房，东面为下街街道。县学街社区东至上、下街，西至坊门街、衢江中路，南至道前街、中河沿，北至县学街、水亭街。原井口在地表以下 1.8 米处，2 米以下为生土层（黄土层），接近黄土层的最早文化层为唐代时期，出土有唐代青瓷壶、青瓷碗等物。

　　（四）弥陀寺井

　　弥陀寺井（图 7-11）位于府山街道钟楼社区弥陀寺大门外西侧，始建年代无考。因弥陀寺始建于宋代，据此推测，此井亦可能于同时期始建。据清康熙《西安县志》记载，宋开宝三年（970 年），一位姓朱的衢州副使舍房基而建弥陀寺。南宋末年，元兵进城，弥陀寺坍塌只剩瓦砾残垣，明洪武初年，迁居江山长台的朱副使后裔，携资回衢重建了弥陀寺。

　　弥陀寺井位于弥陀寺庙宇左侧，虽然历经千年，井水依然清澈甘甜，弥陀寺井壁和井圈均为圆形，井壁以麻石砌筑。井圈出地 50 厘米，圈壁厚约 4 厘米，圈口直径约 37 厘米，井圈上有一孔。井水清澈，仍作汲水之水源使用。周边 2 米见方地面已用条石铺砌和水泥硬化。西侧为民居墙壁，墙下立一告示牌，介绍弥陀寺信息。井南侧为一铁铸浮屠，历史文化底蕴厚重。古井在此，为弥陀

图 7 - 11 弥陀寺井

寺增添了若干生机。

弥陀寺井所在的弥陀寺位于府山街道钟楼社区。弥陀寺既是寺名也是巷名，由前后两个厅组成，坐北朝南，三开间，占地面积为 314.47 平方米，硬山顶。前厅明间梁架抬梁式，八檩五柱，前后单步。次间梁架穿斗式，八檩六柱。明间后金柱间设照壁板。后厅明间梁架抬梁式十檩五柱，前廊单步抬头轩，次间八檩六柱。明间后金柱间设佛座，地面三合土，屋顶施望砖。天井鹅卵石铺砌。弥陀寺在宋开宝三年（970 年）由衢州通判朱和所建。明洪武初年（1368 年），其五世孙朱文七复建，嘉靖中又毁。民国末年残存前后两殿，"文化大革命"中先为作坊，后改工厂。2004 年市文化局重建大殿。

（五）费家巷井

费家巷井（图 7 - 12）位于费家巷 5 号门前，采用麻石制作井圈，上圆下方，井台方形，石板铺砌。井壁圆形，用鹅卵石砌筑而成。井深约 9 米，保存较好。掘井取水是当地居民生活的必备条件，反映了旧时人们的生活状况。该古井年代无从考证。

图 7 - 12 费家巷井

费家巷位于衢州老城区上街西侧，全长 272 米，宽 8 米，铺筑水泥路。与柴家巷、杨家巷一样，费家巷也是因为费姓之人而得名的。这条不长的小巷，建筑风格与如今的衢城风格迥异，犹如两个年代。巷中至今还伫立着成片的清代民居，民居的挑檐、牛腿等雕镂精美，屋畔的池塘波光粼粼，水碧似染……记录了几百年来属于费家巷的繁华与荣耀。

费家巷之所以有名，是因为这里出了一位传奇宰相——清代大学士费淳。费家巷一带即为费淳的故居，也被称为宰相府。费淳时任太原知府的时候，名声远扬。太原过去以农业为主，农民为竞争水利资源经常互相斗殴，官司也非常多。费淳去了之后，治水开渠，让各个地方都能够有水灌溉，太原人为了纪念他造了一座费公桥。如今残存的"相府"，只保留下 12 号那一幢房子，大门依旧别致，竖着一个雕花的木质雨棚。屋里住着一户徐姓人家，他们的祖辈曾与费淳同朝为官。200 多年来，这些历经过风雨的民居至今仍然以残败不全的间架给后人遮风挡雨。但也正因为有了人，才给这座凝重的古宅带来了生气。

费家巷井东面为民房，北面为民居，南面为楼房，西面有一条小道通费家塘，费家巷属蛟池街社区，地处市区中心地段，是衢城商贸区相对集中的地域，面积约 0.4 平方公里。费家巷井作为衢城费家巷重要的水文化遗产载体，历史久远，底蕴深厚。

（六）化龙巷古井

化龙巷（图 7-13）北起讲舍街、东马路口，南至新桥街，是一条 500 多米长的小巷子。关于小巷的来历说法很多，有人说是因旧时正月龙灯发起的地方而得名。住在小巷里的老人们却相信一个更为传奇的故事：相传，以前有两个财主，其中一家建了一座牌坊，另一家人出门都要往牌坊底下过，感觉不好，便重新开出了一条巷子，因望子成龙，给它取名叫"化龙巷"，意思是鱼化为龙，比喻日后金榜题名，家门显赫。

图 7-13　化龙巷古井

化龙巷古井位于化龙巷与北门街路口四角门厅，始建于清代，井壁为圆形，卵石砌筑，井圈出地约50厘米，直径约30厘米，井圈壁厚约10厘米。井内仍可见清水，井壁上有杂草附生。此井保存较好，旁边立有标志牌，以及方志学家余绍宋的塑像，环境较为干净整洁。在老人们的记忆里，小巷除了鹅卵石和青石板的地面变成了水泥路，这里的房子基本没怎么改变。

以前小巷里的人们喝的水都是井水，小巷周围有七八口井，如今只剩下小巷北面的古井了。边上为四角门厅，据四角门厅石碑上介绍，该井为衢州十大历史文化名人、近代著名史学家、鉴赏家、书画家、方志学家和法学家余绍宋先生居住时所建，古井古朴自然，井口为黑色原石，周边有方形石板和红色花岗岩镶嵌，散发着浓浓的文化气息。

（七）太白井

太白井（图7-14）位于府山街道县西街东侧杨家巷路，由警钟巷西段北侧进入，长10米，宽1.5米。据衢江区玳堰金家《金氏家谱》记载："金氏为温台总镇金略公之子孙。明洪武丁卯（1387年）大成公授銮舆卫指挥，驻守衢郡峥嵘岭，永乐间移居金钟巷太白井之西，太白井即大成公子诚公遗迹。"据民国《衢县志》记载，明代酿"三白酒"汲井水，时水清味甘，酿成的酒特别香。于是，太白井就远近闻名，街巷坊里都来汲水。20世纪六七十年代时的太白井，井深7~8米，井栏长方形，石质，高0.5米，长1.17米，宽0.66米，井栏刻"太白井"三字。

图7-14　太白井

太白井保存良好，井面为石板架铺，有两个井口，大小一样。井圈为外方内圆，外径65厘米。两圈紧密相挨，现已用铁丝网保护起来，井口内长满杂草，不见井水，不复使用。井周边为2.5米见方石砌护栏，栏外复用钢管架焊铸一圈护栏，层层保护，严防来往车辆撞击损坏。井边设有标志牌，介绍古井信息。东侧为停车线，南侧路对面为商店和居民楼。总体来说，遗产所处环境

较好，保护完善，利于展示遗产价值。

太白井很早就被开掘而成，并与酿酒有关。具体开掘于何时，并无确切时间记载，也许可以追溯到宋元时期。因为在 20 世纪 90 年代衢州的城市建设中，曾在下街发现过宋代的水井。为此，当时还有一个宋井商场，不过商场开办时间不长。当时除了太白井外，史书还记载有蒙泉井、义井等。

太白井的水代表衢州古城上乘的水质，自古以来就被用于酿酒，因此留下众多的酿酒诗词、故事和风俗习惯。现在的太白井早已废弃不用，但作为古井水文化载体保存下来，人们仍可领略古井昔日的古街文化韵味。

第二篇 制度形态水文化

第八章
信安河防令

第一节　古代水利法规

自古以来，大禹治水的传说就在浙江大地广为流传，衢州是江南水乡，境内河道主要为浙西山溪性河道，水利法规制定偏向于山溪河道治理的规范和律法。衢州水利法律法规的制定，是衢州水利工程建设和管理制度逐渐成熟的标志。古代水利法典体系庞大，内容丰富，包括防汛和河防调度、灌溉管理和用水分配制度、运河和漕运管理制度、劳务负担制度等，其侧重点在于水行政管理和规定庶民的义务。根据内容的不同，古代的水利法规有综合性的法规，也有专门性的法规。本章主要讲述信安湖范围古代水利法规的变迁，让人们更为准确地了解来自钱江源信安湖范围古代水利制度的变迁和改革。

一、先秦时期

（一）新石器时代（1万年前—距今5000多年至4000多年）

据考古发现，距今7000年前左右，中国就发明了凿井技术，6000多年前有了稻田沟渠灌溉设施，四五千年前开始夯土筑城垣，开挖城壕，御敌防洪，连通自然河道，引水排水，通渠运输。随着经济和社会的进步，在水利法规的产生和发展过程中，先有习惯法，后有成文法。

（二）夏商周三代、春秋战国时期（公元前2070—前221年）

先秦时期，人们抵御洪水的方法较为原始，一般按习惯办事。传说中的共工、鲧都修过简单的堤防工程。西周时，黄河堤防工程始具一定规模。《国语·周语上》中"防民之口，甚于防川，川壅而溃，伤人必多"的记载，侧面反映了修堤防洪的事实。

春秋战国时期，各诸侯国竞相修筑堤防，修渠灌田，沟通江河，发展水利。为遏制水利恶性竞争，反对以邻为壑，《春秋谷梁传》记录了诸侯国"壹明天子之禁"的水利盟约;《周礼》也记载了"雍氏,掌沟渎浍池之禁""萍氏,掌国之水禁""川衡,掌巡川泽之禁令""泽虞,掌国泽之政令"等水利禁令,成为中国古代防洪法规的早期雏形。《礼记·月令》也规定季春之月为"时雨将至,下水上腾。循行国邑,周视原野,修利堤防,导达沟渎,开通道路,无有障塞",成为国家大法中约束水利活动的条款。战国时期秦国于武王二年(公元前309年)修订《田律》,律文有"九月,大除道及除浍;十月,为桥、修陂堤,利津隥"的农田水利条款,用法律的形式,规定一年之内动工疏浚渠道、整修或新修堤防、陂塘、桥梁的月份。

二、秦汉时期(公元前221—220年)

秦统一六国后,制定了一系列的法规。其中与防洪有关的条文有"决通川防,夷去险阻",即拆除春秋战国以来阻碍泄洪的工事和交通关卡,使河流防洪工作从整体上把握成为可能。战国时期秦《田律》继续施行,如"春二月,毋砍伐材木山林及雍(壅)堤水",这是对迎接雨季防洪需要而做的规定。

西汉对防洪尤其是黄河防洪非常重视,在治河官员设置、河堤防守队伍组织以及经费等方面都有规定,每年报款修堤,形成制度。西汉的防洪法规和相关制度在东汉得以沿用,东汉和帝于永元十年(98年)下疏导沟渠诏,"堤防沟渠,所以顺助地理,通理壅塞。今废慢懈弛,不以为负。刺史二千石其随宜疏导,勿因缘妄发,以为烦扰,将显其罚"。

两汉法典中有专门的水事条文,"随时设防,退为内刑",反映了汉代严格保护堤防安全的立法思想。《说文解字》有不得"及其门首洒"的汉代律残条,其意思是修工程不得壅水到人家门口。汉代法律规定的均水灌溉和平徭行水这两项基本政策,在历代有过广泛的影响。汉代律令中的行政法规定水官的职责,"都水,治渠堤水门",还有地方向中央报告水情的规定,"自立春至立夏尽立秋,郡国上雨泽"。

三、三国两晋南北朝(220—589年)

三国时期,章武三年(223年)九月十日,蜀国丞相诸葛亮颁布护堤令"按九里堤捍护都城,用防水患,今修筑竣,告示居民,勿许侵占损坏,有犯,治以严法,令即遵行",成为古代最早的防洪法令原件。三国两晋各朝各国几乎都一脉相承《汉律》,列有水事条款。三国曹魏,增删《汉律》9章,编成《魏律》18篇,其中的"盗律"篇有"水火"律条。西晋修订《晋律》,从"盗律"中分出"水火"篇。南朝宋齐梁陈基本上沿用《晋律》、南梁《梁律》20篇篇目中,有"水火"篇。北周制定的《大律》25篇中有"水火"律篇目。

西晋灭亡后，北方汉族人口大批迁移江南。士族豪强抢占土地，强占山泽。东晋和南朝刘宋先后发布了禁占山泽法律。东晋成帝咸康二年（336年）的壬辰诏书规定："擅占山泽，强盗论，赃一丈以上皆弃市。"宋大明初年（457年）制定占山泽格条5条：对私人已占山地湖泊不再追夺；"先己占山，不得更占"；实行依官品高低占山，"官品第一、第二，听占山三顷"，"递至第九品及百姓，一顷"；占不足额依规定占足；若再犯水土一尺以上者，计赃以强盗论处。为了调整社会矛盾，南朝与北朝都颁布过禁占山泽的法令，诸王、公卿不得占山泽、弛山泽和罢山泽之禁的法令。

四、隋唐五代时期（581—960年）

隋朝水事法规除了开皇四年（584年）发布的《开凿广通渠诏书》，几乎没有留下其他文献资料。唐代的重大法典《唐律疏议》《营缮令》和《唐六典》中列有水事条款，而且有单行的水利法规唐《水部式》与一些州府制定的灌溉工程专门法规。

唐代用法律确定水政管理制度。行政法典《唐六典》将全国江河分为3级，规定长江、黄河为大川，渭、洛、济、漳、淇、汉等江河为中川，其余1252条江河为小川。开元年间下诏令改定江河名称，进行江河名称的规范。《唐六典》明确规定了工部尚书及所属水部郎中、员外郎、都水监、州刺史、县令等各级官员的水事职责；《营缮令》规定了州刺史、县令的防洪责任制度；《唐律疏议》规定："不修堤防及修而失时者，主司杖七十"，对"盗决堤防"罪（决堤取水供用，不论公私皆同罪）、"故决堤防"罪（除取水供用以外的作案目的），按其造成后果处以杖刑、徒刑以至死刑。唐朝的法令还规定，不准在河滩地修小堤和盖房居住，以利于河道行洪；在修堤的同时，要求沿堤旁植树等。

唐代的水管理制定了专门法规唐《水部式》，为唐《式》33篇之一。现今见到的《水部式》虽为残卷，但其内容相当丰富。唐代一些州县也制定了地方水利管理法规。杭州刺史白居易离任前制定了钱塘湖四事，将西湖水利管理办法，立石告知后任者。襄州刺史王石为当地汉江渠堰立"水法"，又称为"水令"。唐代写本沙州《敦煌水渠》，其内容有各渠用水次序等的规定。《洪洞水利志补》也保存有唐代渠规资料。

五、两宋时期

1. 北宋时期（960—1127年）

北宋在治河、农田水利改革两方面的立法上，相比唐代有了重大进展。皇帝直接发布诏令，如沿河州府官吏兼本州河堤使、设置河堤判官、州官长吏上堤巡河、汛期沿河官吏职守、河防科夫岁修、沿河州县课民种榆柳、派禁军防护汴河堤防等，建立了河防制度。在熙宁变法时期颁布的《农田利害条约》，是中国历史上第一部改革农田水利建设的法律，比较系统地调整了政府与农民、中央政府与地方官员、官员与农民的关系，改革了农田水利的政策，奖励职官兴修农田水利，规定酬奖等级；扶持农民兴修农田水利，修水利按《青苗法》借贷，允许贷钱谷等。熙宁变法失败后，新法被取消，退为元丰奖励标准，后来认为元丰奖励办法太优惠，也被搁置一边。北宋天圣二年（1024 年）公布的《疏决利害八事》，是中国水利史上第一部较为系统的排涝法律。

2. 南宋时期（1127—1279 年）

南宋水事立法，虽以农田水利为主，但其调整的对象涉及的范围宽，有些问题的立法思想比前代更为深刻。南宋庆元四年（1198 年）颁布的庆元重修敕令格式，嘉泰三年（1203 年）颁布的敕令格式，按门类编纂的《庆元条法事类》，法律配套，可操作性强。其中的南宋《田令》《河渠令》等，内容包括治河，禁止束狭河道，不得拦河筑堰；排涝，雨水过常，发生渍涝，县令佐监督导决排除涝水，大者由州府差官实地调查，申报有关部门，有关部门和州官再次查验，向尚书工部报请经费。

关于灌溉工程管理与用水管理，确认江河山野陂泽湖塘池涿为公众之水利、地利，保护众共溉田者的使水权，官员不得擅自同意蓄水灌溉之地出卖、请佃，违者主事人与承买、请佃人各以违反皇帝命令论处；奖励告发请佃承买"潴水之地"者，每亩地奖告发者 3 贯钱，按亩奖励最高至 100 贯钱为止。《赏令》有旱地改水田缴纳税额规定，奖励州县官引导农户耕种盐碱地，减纳税收鼓励农户耕种盐碱地，差遣查验盐碱地。

六、元朝时期（1271—1368 年）

中国封建社会进入了后期，到了清朝，其法制形态是中国封建法制最完备的。元、明、清是国家大统一时期，定都北京，形成贯通南北的京杭运河。农田水利建设范围也更广泛。适应这种形势的需求，水事法规必然出现新的变化和发展。

元初，曾颁行法律条款，并建立了相应的管理机构，推动了农桑水利的发展（参见元农桑水利条画）。元英宗至治三年制定的《大元通制》，是元代比较完整的法典，只残存条格部分，称为《大元通制条格》，其中"河防"等存目失文。关于官员防洪职责，《元史·刑法志》记载："诸有司不以时修筑堤防，霖雨既降，水潦并至，漂民庐舍，溺民妻子，为民害者，本郡官吏各罚俸一月，县官各笞二十七，典吏各一十七，并记过名。"元代开凿会通河，使京杭运河全

线贯通之后，制定了舟船过闸法规，颁布禁令。同时建立各行省、路、州县长官提调（掌管、监督之意）岁修，修筑堤堰的制度。

七、明清时期

1. 明朝时期（1368—1644 年）

明代刑法典《大明律》，设《工律·河防》篇，并修订相应条例，惩处破坏江河堤防、圩岸陂塘、运河沿河湖堤及阻绝入运河泉源违反漕河禁令等犯罪行为，保护江河防洪、圩岸防洪安全、漕运河道畅通和陂塘蓄水灌溉（参见明《工律·河防》）。行政法典《大明会典》初步形成了大运河的管理法规。明代水利工程地方立法比前代有较大进展，各地方条例法规，对解决用水权、均水灌溉、计亩出夫、城市饮用渠水防止受污染等方面做出文字规定。

2. 清朝时期（1616—1911 年）

清代法典集中国历代封建律令之大成，水事法规是清代庞大的法律体系的组成部分。清代将水利建设分为河工（包括黄河、运河、京畿河流）、海塘、地方水利、长江江防、桥道、京城沟渠等方面，分别订立法规，涉及防洪、防海潮、排涝、灌溉、运河水源调蓄等领域。《大清律例》在工律中的"冒破物料""失时不修堤防""侵占街道""修理桥梁、道路"的律文分别订立了条例。对河工工程，调查人员估计（预算报告）、徇私隐情匿报、竣工确查（竣工验收）等方面做了明确规定。

《大清会典》《大清会典事例》具体规定了工部尚书、都水司郎中、河道总督、漕运总督的职责；河道总督衙门及其下属机构的河员、河夫、河兵的编制及其任务；河工的维修制度分岁修、抢修；堤坝的各项工程分堤、坝和埽工、堤闸、涵洞、护坦坡等的技术规范。同时在水利工程建设和维修经费的来源、投入和管理方面做了明确规定。

并规定负责修筑堤防海塘等的保固期限、失事赔款制度，发布的禁止占耕淀泊淤地、围垦湖泊、滩地筑堰、增加民房、阻挠河道疏浚、妨碍河道行洪、沙土淤塞溪河等有妨水利的行为，以及禁止农民筑坝拦截运河水源等，都分别编入《会典》《会典事例》《工部则例》中。清《工部则例》还编入运河疏浚、各湖水柜蓄水控制调节、各闸门启闭、漕船过闸等 15 项具体规定。

第二节　近现代水法规

一、近代水法规

中国近代水法规以民国时期颁布的《民法》和《水利法》为代表，《水利法》的制定使水法进入一个新的阶段。1942 年,《水利法》由当时的国民政府公布,于 1943 年 4 月 1 日起实行,同时实行的有《水利法施行细则》,并制定了若干单项水利法规,如《兴办水利事业奖励条例》《奖助民营水力工业办法》《农田水利贷款工程水费收解支付办法》《灌溉事业管理养护规则》等。

近代社会经济发展,对水资源的需求增加,许多地方出现供水水源不足、水质污染、生态环境恶化的趋势,水法规内容对水的所有权、用水许可、防洪、水资源保护、用水纠纷处理、水工程建设和管理以及惩戒等方面做了相关规定,水法的宗旨、调整的内容和各项法律制度随社会经济的发展阶段和水资源面临的问题不同而变化。近代水法规体现水资源可持续利用的要求,注重水资源的节约利用和保护,确保了水资源的合理分配与使用。

二、现代水法规

从 1957 年《水土保持暂行纲要》颁布实施起,我国现代水法治建设已经过 60 余年的历史,与古代水法以漕运、灌溉和防洪为主要内容不同,现代干旱缺水、水污染和水生态环境的恶化,成为水法治需要应对的主要内容。现将其分为三个阶段。

1. 萌芽阶段(1957—1984 年)

1957 年,国务院制定颁布了《水土保持暂行纲要》,专门对保护水资源防止水土流失作了规定。1959 年颁布的《生活饮用水卫生规程》第一次确立了生活用水标准,同时还对水源的选择和水源保护区的污染防治作了规定。1973 年,国务院召开了第一次全国环境保护会议,会议制定并通过了《关于保护和改善环境的若干规定(试行草案)》。1979 年公布施行的《环境保护法(试行)》,对防治污染的原则、制度、措施、法律责任等作了基本的规定。

这一阶段我国处于高度计划经济时期,缺乏依法治国的理念,几乎没有水资源的法律保障和水污染的法律防治意识,故而我国水法治建设属于萌芽阶段,特点表现为:一是没有完整的水资源保护观念和水污染法治理念,对水资源的保护主要是以防治水土流失为主,对开发利用水资源和水污染防治还没有形成系统的规制;二是从立法的表现形式上看,大都是行政法规、规章,原则性过强、操作性较差,不能被视为真正的水法治;三是当时颁布的一些法规,由于"文化大革命"而没有真正实施。

2. 创设阶段(1985—2000 年)

1979 年以后,我国环境资源法治迅速发展,也带动了水法治建设。这一阶段成为实质意义上我国现代水法治的创设阶段,在水污染防治、水资源开发利用和水生态的保护、水土保持等方面都有了相应的立法。

（1）水污染防治方面。1984 年 5 月 11 日，第六届全国人大常委会第五次会议通过了《水污染防治法》，该法是防治淡水水体污染方面的综合性单行法。为了贯彻实施该法，国务院还发布了《水污染防治法实施细则》《地面水水质标准》和《污水综合排放标准》（1996 年）。这些法律、法规、标准的颁布施行，使我国的水污染防治工作取得了一定成效。但是进入 20 世纪 90 年代，随着我国经济的高速增长，水污染在总体上仍呈恶化的趋势，水污染防治领域出现了许多新情况和新问题。因此，第八届全国人大常委会第十九次会议于 1996 年 5 月 15 日通过了《关于修改〈水污染防治法〉的决定》，并于同日公布施行，相比原法共改动、增加了 23 条。

（2）水资源开发利用和水生态保护方面。1988 年通过了《中华人民共和国水法》（简称《水法》），这是新中国的第一部水法。此外与保护水资源有关的法规和规章相继颁行，有《违反水法规行政处罚暂行规定》（1990 年水利部发布）、《防汛条例》（1990 年国务院发布）、《取水许可制度实施办法》（1993 年国务院发布）、《河流管理条例》（1988 年国务院发布）及《城市节约用水管理规定》（1988 年 10 月水利部发布）等。

（3）水土保持方面。1982 年，国务院颁布了《水土保持工作条例》，1988 年经国务院批准，由国家计委、水利部发布了《开发建设晋陕蒙接壤地区水土保持规定》，1991 年全国人大常委会通过了《水土保持法》，1993 年国务院发出了《关于加强水土保持工作的通知》，同年又发布了《水土保持法实施条例》，1995 年国务院发布了《开发建设项目水土保持方案编报审批管理规定》，1996 年国务院发布了《关于治理开发农村"四荒"资源进一步加强水土保持工作的通知》等。另外，在防止水灾方面，1997 年制定颁布了《防洪法》等法律、法规。

这一阶段，我国的水法治建设表现出以下特点：一是创设了系统的水法律体系，形成了水污染防治、水资源开发利用和水生态保护、水土保持、水灾防止四个水法治子系统；二是形成了多级别、多层次的综合体系；三是四个子系统相对独立，融合性不强，在管理体制上不统一，特别是水污染防治法和水资源开发利用的规制相分离；四是法律体现为初级的制度建设，运行操作性差；五是立法的背景为我国改革开放的前期，计划成分多，所采用的手段主要是控制命令手段，且多为末端控制，缺乏市场激励手段、公众参与手段，国际化程度不高；六是主要强调水资源的开发利用，在水资源的技术性保护和采用技术性方式提高水资源的利用效率方面的措施很少，同时重水资源管理，忽视水生态环境和生态系统的保护。这一阶段被称为改革开放时期的水法治。

3. 完善阶段（2000 年后至今）

20 世纪 80 年代以来，由于社会经济的高速发展，气候持续干旱，导致我国水资源危机加剧，制约了经济和社会的发展，水法治建设在此新背景下开始发展完善。

2002 年 8 月 29 日，第九届全国人民代表大会常务委员会第二十九次会议通过了《水法》修订案，对《水法》作了较大的修改，修改后的《水法》，一是强化了水资源的统一管理，注重了水资源的宏观配置，发挥了市场在水资源配置中的作用；二是把节约用水和水资源保护放在了突出位置，提高了用水效率；三是加强了水资源开发、利用、节约和保护的规划与管理，明确了规划在水资源开发利用、节约、保护中的法律地位，强化了流域管理；四是适应水资源可持续利用的要求，通过合理配置水资源，协调好生活、生产和生态用水，特别是要加强水资源开发、利用中对生态环境的保护；五是适应依法行政的要求，强化了法律责任。其次，2008 年 2 月 28 日我国修订了《水污染防治法》，修订后的《水污染防治法》增加了 30 条，即由原法的 62 条增加到 92 条，章节设置更合理更科学。

这一阶段水法治建设的特点：一是不仅考虑到制度的设立，同时也考虑到制度的运行，法律的操作性更强；二是水污染防治和水资源开发利用规章制度开始融合，注重开发中的水生态环境保护和水污染的防治；三是管理制度转型，即由过去单一的命令控制手段向命令控制、行政诱导、经济刺激和公众参与转变；四是加强了生态环境保护的成分；五是开始重视水资源保护中的企业和公民财产权。

目前，我国已经形成了一个相对完备的水法律体系，为水资源的开发利用、保护管理及水利建设提供了良好的法治基础，使各项水事活动基本实现有法可依。这一体系从我国国家层面而言主要包括四大子体系，即水污染防治法体系、水资源开发利用和水生态保护法体系、水土保持法体系、水害防治法体系。

三、衢州水法规建设的趋势

水是生命之源、万物之本，衢州作为钱塘江源头，水利基础条件优异，拥有优质丰富的水资源，做好水资源节约保护与利用工作，事关衢州发展大局，是助力衢州实现高质量跨越式发展的重要基础保障。为合理开发、利用、节约和保护水资源，充分发挥水资源的综合效益，保障经济和社会的可持续发展，根据《中华人民共和国水法》《浙江省水资源管理条例》等法律法规和《中共中央 国务院关于加快水利改革发展的决定》等，衢州市制定《衢州市水资源管理办法》《衢州市市区节约用水管理办法（试行）》等水法规，构建民生水利、法治水利，使水法规成为涉水活动者自觉遵守的行为准则，推进科学治水、依法治水进程。

纵观衢州市水法治建设，体现出如下趋势：一是水资源保护从法制走向法治。通过立法程序，以书面形式表现出来的法律、法规等行为规范，真正落实在法律主体的行为中，重视法律运行和法律实施，特别是操作性的强化，此为一显要趋势，且仍在不断延展。二是水法治建设从义务意识走向权利意识，从义务本位走向权利本位。水权交易制度的建立，水务市场和水污染处理向社会开放，建立水市场投融资制度，在水法、水污染防治法中确立企业和公民的涉水财产权等。三是水法治建设的立法理念从"裁判主义法学"向"预防主义法学"转变。水法治建设将突出水生态环境保护，水源涵养、水土保持，促进人与自然和谐相处，实现经济与社会可持续发展。在此目标的基础上，强化政府责任、建立健全相关的水管理体制和制度，完善保护规划制度，运用经济刺激手段推进公众参与，实现水法从救济性法向预防性法的过渡。四是流域保护和综合系统管理思想衍生了流域立法和综合管理制度。流域综合管理法的出现，重点流域省界断面水质考核制度的全面建立，成为推动重点流域水污染防治的关键抓手；水体污染控制与治理科技重大专项进入全面实施阶段；综合生态管理思想衍生出相应的制度如生态用水制度、水生态补偿制度和根据优化开发、重点开发、限制开发、禁止开发确立的功能区划制度等。五是水管理体制变革逐步推进。鉴于多头管理、条块分割和体制弊端，衢州市逐步在设立统一的水务管理机构，形成执法的联动机制上不断努力，水资源和水环境管理在统一机构的组织、协调、督促下逐步推进，健康发展。

通过我国和浙江省衢州市水法治历史变迁和发展趋势可知，当前完善水法治的重点在于构建涉水主体节约用水、防治水污染、水害的内生动力性制度；扩大涉水法律的调整范围，改变我国涉水法律"大城市中心、大生产中心、大企业中心"的制度设置模式，将涉水法律的调整范围延伸到小城镇、小企业、小生产和消费领域；使水法制真正走向水法治，完善水法律体系的实施、运行机制。

第三节　信安湖保护条例

一、立法时间

为了保护和改善信安湖生态环境，提升城市品质，根据《中华人民共和国环境保护法》《中华人民共和国水污染防治法》《中华人民共和国河道管理条例》等有关法律、法规，结合衢州市实际，制定了《衢州市信安湖保护条例》。《衢州市信安湖保护条例》由 2017 年 10 月 13 日衢州市第七届人民代表大会常务委

员会第五次会议通过，2017 年 11 月 30 日浙江省第十二届人民代表大会常务委员会第四十五次会议批准。

二、条例地位

2018 年 3 月 1 日，《衢州市信安湖保护条例》将正式实施，成为继西湖、南湖之后，被提升到地方性法规的高度进行保护的浙江又一个湖泊。根据衢州市人大常委会法工委副主任朱雪清介绍，西湖、南湖的立法都更侧重于人文景观、旅游资源保护，而信安湖的立法则更侧重于生态环境保护为目的。从保护信安湖开始，衢州作为"钱塘江源头生态屏障"的功能定位再次拉高标杆。

三、立法历程

信安湖为闽浙赣三省水路运输要塞，曾经百舸千帆竞风流，水光潋滟里，含着半个衢州城繁华。从信安湖的水中可以望得见衢州的发展。明清时，信安湖上通下达的水路优势滋养起了衢州社会经济的半壁江山；20 世纪，岸上粗放型的发展带来生态困境，信安湖渐渐浑浊；近年来，理念的觉醒又让一江清水重回衢城。

在这样的发展轨迹上，回望信安湖的立法，意义更为深远。衢州市环保局局长夏汝红在做《衢州市信安湖保护条例（草案）》起草说明时指出：信安湖流域，工业污染、城乡生活污染、农业畜禽养殖污染为主的三大污染源共存，威胁着信安湖的水质，信安湖的保护、开发、利用面临新的问题和难点。无论是现在还是未来，衢州城市发展要走一条绿色之路，而信安湖保护正是其中不可突破的重要防线。

近年来，经历流域综合治理后，绿荫夹道、鸥鹭翔集的信安湖成为了衢州城中最璀璨的明珠，更晋升成为国家级水利风景区。治水初见成效，信安湖成为游人纷至沓来的景点。

第九章
三衢治水记

自古以来，衢州人"择水而栖，择江而居"，与水紧密相连。庞大的水网构成了衢州的骨架，它们泽被千载，孕育出这方土地厚重的人文历史。民以食为天，在"靠天吃饭"的时代，水，成了左右人们生产生活的关键因素。为了生存发展，历代衢州人不懈地治水。千百载后，三衢大地上还留有古人的水利工程。经过历次维修改建，这些工程仍为衢州人的生产生活提供着便利。据《民国衢县志》记载，衢江先后有芙蓉堤、下金桥堤、桃枝堰堤等堤防建设；也有德平坝、东迹堤、富儿坝等堰坝工程；还留下了郦道元勘地掘井、杨炯盈川治水、范宰相修建鸡鸣堰，张应麟引水石室堰等三衢治水故事。

衢州三衢治水蕴含着博大精深、绵延不绝的历史底蕴，讲述着衢州因水而兴的璀璨历程。从古代三衢治水故事、古老的水利工程中，可以体悟三衢人民的无私奉献、坚韧不拔的抗争精神，领略古人治水一脉相承的智慧与执着。

第一节　郦氏勘地掘井

衢州旧时有"官溪祠堂，南坞的井，新塘边糕，礼贤的饼"的说法，其中"南坞的井"指的就是衢州凤南坞村的古井。相传北魏古地理学家郦道元由赣入浙赴闽过衢州，经过衢州市茅坂乡南坞村、新塘边镇嘉湖村和樟柏树底村一带时，见这里滴水如油，村民饮水困难，惜水如金，便查看地形、地质，确定水脉流向，勘定井址，指点村民掘井。经郦道元勘地指点所掘之井有南坞八角井、槐花井（又称三眼井）、樟柏树底井等。

南坞八角井又称"八卦井""百家井"，坐落于凤林镇南坞村内，占地面积45平方米，始建年代不详。井壁用鹅卵石砌成，井面铺设条石，井台采用细条石，外沿呈长方形，边长4.8米，井栏为八角形，边长0.75米，井深3.1米。

井栏上设有 8 根立柱，立柱上端镌仰覆莲花，柱身上刻有清代和民国时期重修题字，井中水质清冽，常有鲤鱼嬉戏，井水冬暖夏凉，旱不枯，涝不溢，成为千古佳话，并被村民使用至今，长年不竭。南坞八角井有不少传闻故事，著名的有《八角井的传说》《八角井乌焦鱼的来历》《郦道元掘井奇妙》等，现已被列为全国重点文物保护单位。

嘉湖槐花井在嘉湖象峰即今新塘边，为"三眼井"，一井三眼，可供三个水桶同时提水。三眼井井底泉涌，泉味甘冽，日供千人之汲，水位不移。经郦道元勘察指导的樟柏树底井、南坞井、槐花井等，至今仍在使用，水深依然如故。相传郦道元在路过新塘边镇嘉湖村时，驻足勘察地形，分析地质，确定了槐花井地下水的走向，指点当地村民，按锁定地点掘井。清澈的井水冬暖夏凉，至今人们仍习惯在井边洗衣洗菜。如今，为这一代代村民提供便利的古井，已被列为江山市级文物保护单位，仍在彰显着它的观赏与实用价值。

勘地掘井，不是郦道元在衢州专门的治水实践，而是他在走山访水、丈量山河路径中的"意外之作"，是古人"体察民情、立足实际、尊重自然、以德治水"的重要体现。因为在治水过程中考虑到了实用性和科学性，经过千年的风霜雪雨洗礼，古井才能依然如初，作用经久不衰。郦道元勘地掘井是三衢古代治水中的典型故事，不仅在衢州古井水源建设中具有重要作用，同时在水利地理地质研究、水文化保护上影响深远，在研究三衢大地古代治水方式、技术和措施中同样具有重要的意义。

第二节　杨炯祈福盈川

杨炯（650—693 年），字令明，世称杨盈川，华阴（今属陕西）人，唐代左光禄大夫杨初的曾孙，中国唐代诗人、官员、文学家，"初唐四杰"之一。杨炯不仅在中国历史上赫赫有名，在衢州大地上也影响深远，有众多流传千年的趣闻轶事，著名的有"千里赴任为民生""大兴水利护一方""秉公执法拒贿赂""因地制宜兴蚕桑""捐赠俸禄建堰塘""劈山治水得双盈""舍身祈雨解旱情"等。

一、捐赠俸禄建堰塘

据史书记载，唐武则天执政时期的如意元年（692 年），杨炯到盈川任县令。其到任后，在狠抓治安工作的同时，积极号召全县人民投入到水利设施的修建工作中。在盈川山背的制高点，杨炯发现九龙溪中部有一个数百亩面积的大水坑，如果将大水坑修建成大水塘，可以解决四周及其下游数百亩粮田的灌溉用水。于是，他亲自规划设计了这一水利工程，并先行带头，将自己撰写碑文所积攒的钱财全部捐给"大水坑"所属地白石里村。此后，其他各地的财主也纷纷捐资，用于修建村里的水利设施。在任职的两三年里，杨炯还修建了"双盈堰""祝塘""蚂蝗塘""太平关堰""白石塘堰""杜宅堰"及"钟山堰"等一大批水利设施，在当地的农业生产中发挥了巨大作用。

二、劈山治水得双盈

相传，由大垅坑、螺丝坞和桥汇源三股溪流汇成的全旺溪，原先沿着山垅一直流到安仁街注入衢江。不知何年，这条溪流从马蹀袁家沿着西山边流到双盈头村处，便不再从平坦的田野里流过去，而是来了个急转弯，穿山而行，再经安仁街注入衢江。凡是到过这里的人都百思不得其解，究竟什么缘故呢？原来这是盈川首任县令杨炯劈山治水，造福全旺人民的大手笔。

从前，衢江水流经安仁街时，碰到螺丝形地界的岩石后，江水在此拐了一个九十度的大弯，带着大量泥沙的洪水回流到山垅里，并在垅口逐渐积聚。随着垅口地势越来越高，原来的河道逐渐变小，河床逐步抬高。全旺溪水被挡在垅里，沿溪田野常常汪洋一片，大量农田和农舍被淹，当地百姓们叫苦不迭。同时，在双盈头山的西面，也就是岩头溪东岸的大片土地又因为严重缺水无法灌溉，百姓们也为此叫苦连天。

盈川县令杨炯到任后，以民为要，倾听百姓呼声，亲自踏勘当地的山地形势，在双盈头山开凿出一个口子，让河水穿过岩石而过，既解决了双盈头垅田的水灾问题，又解决了双盈头西边土地的旱灾问题。届时，杨炯发动工程募捐，聘请技术娴熟的能工巧匠，历时一个冬春，打通新河，使全旺溪水改道而行，并修筑堰坝，又将原来的河道改建成堰渠，从而使得这里农田灌溉得到有效保障。

因此堰为当时盈川县的大型水利工程，并收到了双赢的效果，杨炯便将这个堰取名为"双盈堰"，村以堰名，双盈头村由此而来。至证圣元年（695年），杨炯殉职后，当地百姓为感谢他的恩德，在这里建造了双盈庙，千百年来香火不绝。

三、舍身祈雨解旱情

据载，证圣元年（695年），盈川遭遇罕见大旱，田地龟裂，庄稼枯焦，民多食树皮草根，百姓求神拜佛，旱情未解，杨炯心急如焚，为祷神降雨，沐浴斋戒，跪求上苍，在烈日下晕厥多次，如是者凡月余。而骄阳依然如火，灾民嗷嗷。杨炯心知无力回天，垂泪道："我无能解民于倒悬，愧对盈川父老！"于是，投入盈川潭中，以身殉职。民众哀号恸哭，如丧考妣。入夜，电闪雷鸣，暴雨如注，旱情顷刻解除。千亩良田稻禾复苏，灾民笑逐颜开。而枯井水盈浮杨炯尸，居然面目如生，异香四溢。数十里外乡民扶老携幼接踵而来，焚香礼拜。是年五谷丰登，六畜兴旺。朝中皇武则天见奏，得知杨炯祷雨捐躯解除旱情，题写"其死可悯，其志可嘉"。特此敕建城隍庙，敕封杨炯为城隍神，永享四季祭祀，香火千年不衰，后人刻对联"当年遗手泽，盈川城外五棵青松；世代感贤令，泼水江旁千秋俎豆"；唐中宗即位以旧僚追赠著作郎，文集 30 卷；唐玄宗则加封为"仁祐伯"；唐大历年间，唐代宗李豫再次加封杨炯为"仁祐伯"，并将原城隍庙扩建为三进三十二间。从那时起，当地百姓感其恩泽，称呼其为"杨爷爷"，建杨侯祠奉祀。此事在万历《龙游县志》、天启《衢州府志》、康熙《龙游县志》、嘉庆《西安县志》等皆有记载，据康熙《西安县志》载："旧城隍庙亦在，其神即盈川公杨炯。"

此后，当地百姓为求丰衣足食、四季平安，每年农历六月初一，都要举行"杨炯出巡"祭祀仪式，代代延续。年代越久，后来的仪式愈加隆重，参加祭礼的包括原属二十八都六十八庄的百姓，所有参加祭祀活动的人都要沐浴更衣，以示敬重。后人多作诗颂，"生前为令死为神，废县常留庙貌新。地界衢龙争报赛，千秋遗爱在斯民。"如今盈川已经被授予千年古村的称号，民俗活动"杨炯出巡"（图 9-1）从唐代传承至今已有 1300 多年历史，被列入浙江省第二批非物质文化遗产名录。

图 9-1 杨炯出巡祭祀仪式

第三节　石堰蓄水溉田

南宋时，衢州筑堰灌溉农田，当时有石室、猫儿、官庄、西江等堰。石室堰位于衢城南约 12 公里的乌溪江上游，因烂柯山石室而得名。古石室堰已不复存在，今石室堰为 1959 年改造扩建后的工程，引黄坛口电站发电为水，供下游千塘畈农田灌溉等。

石室堰灌溉工程影响了千年。据史料记载，石室堰初在黄荆滩上，为篾笼卵石堰体。民国《衢县志》载："宋南渡时创此堰，县丞张应麒董其事。三年工不就，跃马自沉中流以死，堰址始定。"至明代，衢州的农田灌溉已主要靠陂堰引水。明弘治十二年（1499 年），郡守沈杰引石室堰水入护城濠，于小南门城门濠中架木吊桥。清嘉庆五年（1800 年）河道淤塞，泥沙愈积愈多，旋开旋闭。清嘉庆七八两年（1802 年、1803 年）连遭旱灾，虽官府催促开筑，终因人力不济难于实施。清嘉庆九年（1804 年）十月至十年（1805 年）三月，那守那英应士民要求，将堰址移至上游三里外响谷岩下（今花园乡响春底村），溪流汇聚处有顽石为底，平旷若堂，在此新开堰口，又购吴张二姓田二滕以开新沟，引水接入旧沟，并在渠道两侧砌筑砖石加固，以顺性畅流。清光绪二十八年（1902 年）、二十九年（1903 年）改筑"袋口"，渠道两侧用砖砌筑填密，以畅通水流，防冲、防淤。堰水在三涧滩分为七大沟，七大沟又分为七十二小沟，灌溉下游农田三万七千亩。总沟直达城东南大濠，又引濠水入城，为城内河湖水源。堰沟可通排筏至衢江，为衢县第一灌溉大堰。

1955 年，石室堰被大水冲毁，衢县人民政府组织千名民工，奋战几月，用篾笼 900 多只进行加固。1956 年 1 月至 1957 年 7 月，县人民政府组织群众改造石室堰，迁址于上游的黄陵堰深潭处，扩大原黄陵堰口，新建渠道两条长 7 公里，对原有渠道进行维修，重建 660 米长的拦沙坝，统称为石室堰。1958 年，黄坛口水电站开始发电，石室、黄陵、杨赖三堰合并一堰，堰址在黄陵堰，引黄坛口水电站部分发电尾水入渠。之后，衢州化工厂又对该堰进行扩建，既利于农田灌溉，又能满足工业用水需求。1989 年，建成衢州市第二自来水厂，取水口在石室堰总干渠原张公祠旁，供水量 5 万立方米。2003 年又建成衢州市第三自来水厂，取水口仍在石室堰原张公祠旁，日供水量 5 万立方米。

石室堰为衢州古代最大的水利灌溉工程，旧志称其为"一邑之关系"的大堰。现在的石室堰地处黄坛口水电站下游，至今仍然是市区重要的供水工程和重要的防涝、排水渠道，它深深润泽着衢州这个充满"水元素"的历史文化名城，为研究衢州古代农业水利和生产力发展水平提供重要的实物依据，对衢州社会经济发展起到了重要的保障作用。

第四节 乌引水润金衢

鹧鸪天·咏乌引工程
柴非

千里仙霞汇百川，烂柯山下聚龙涎。江南一道红旗渠，奏出衢龙不旱天。
逢盛世，出新贤，万年红壤换新颜。乌渠引得春多少，绿满黄丘翠满田。

在浙西南金衢盆地，一股清澈的水流从乌溪江源头出发向东跨越衢州、金华两市 5 个县（市、区）的 20 个乡镇，滋润灌溉了 72 万亩农田。它全长 82.7 公里，其中衢州境内 53 公里，金华境内 29.7 公里，飞过灵山江，跨过 10 条溪，穿过 18 座山，越过 50 多处大型建筑物和 340 多处小型建筑物。集农业、工业、生态、发电、旅游和人民生活用水于一体，它就是乌溪江引水工程，被誉为"江南红旗渠"。

一、工程背景

乌溪江古称东溪，又称周公源，为衢江一级支流，发源于衢南仙霞岭山地，蜿蜒盘旋于崇山峻岭之间，山水交融山清水秀，局部高山还保存了较大面积的原始森林，主源为浙江省龙泉清井，次源为福建省浦城县石子岩大福罗峰，流经龙泉、遂昌、江山、衢江区，在衢州市东 3 公里处汇入衢江。

衢州地形地貌较为复杂，不仅成就了这里的山水传奇，同时也给衢州人民带来了难以承受的"天灾"。每逢盛夏之际，受地势阻隔，台风难以深入衢州境内，晴热天气较多，衢州成为旱情的高发地。新中国成立后，衢州人民在党和政府的领导下，建成了一批山塘水库，大大改善了水利条件，但受财政资金不足和水资源短缺的限制，没有从根本上解决干旱问题。

二、工程建设

20 世纪 70 年代，谢高华先后担任衢县县委副书记、书记，衢州（县级市）市委书记，他在任职期间组织衢县人民修建了长 3.9 公里的西干渠，从乌溪江上的黄坛口水库引水，解决了 5 万多亩农田的用水紧张问题。1985 年，为从根本上解决衢州南部 55 万亩农田严重干旱缺水的问题，谢高华又萌发了建设乌溪江引水工程（以下简称"乌引工程"）的念头。在其力推下，衢州市委、市政府把乌溪江引水工程建设提上重要议事日程。

1988 年 9 月，乌溪江引水工程作为浙江省"八五"重点工程之一，获省委、省政府批准，衢州市乌溪江引水工程建设总指挥部正式成立，57 岁的谢高华担任总指挥。1990 年 1 月 2 日，乌引工程正式动工。衢州市委、市政府发出两个一号文件，号召全市人民发扬艰苦创业精神，党员干部带头，有钱出钱，有力出力，有物出物，勒紧裤带，背水一战。一次次会战、攻坚在总干渠全线展开，市、县、乡、村各级领导带头上阵，柯城、衢县和龙游的广大干部群众，市直机关和企事业单位的干部职工，人人争着为工程建设出钱出力。得民心、顺民意，乌引工程获得了当地人民群众的大力支持，一万多名义务出勤的民工从四面八方陆续汇集到衢南枢纽站和渠首 4 千米的工地上，大家坚信依靠团结的力量一定能创造奇迹。

乌引工程开工后，面临资金紧张问题，为筹集建设资金，谢高华提出发动群众自愿捐款，上至衢州市委书记，下至衢州普通农民，纷纷慷慨解囊，只用一年时间就筹集资金 4000 多万元。工程建设需征地 6000 多亩，拆房 160 多户，涉及的乡村、农民，顾大局、识大体，从不提过分要求，做到了渠道通向哪里，土地就征到哪里，房屋就拆到哪里，从没碰到"钉子户"。不仅如此，在工程遇到资金缺口时，当地群众又纷纷集资、捐资或以劳代资。

11 月，在几十千米长的工地上，乌引工程全面展开，6 万多农民挥锹、挑土，川流不息。负责衢州段的副总指挥翁云祥回忆说："当时工程装备很少，更多是依靠人工肩挑手挖。许多农民自带干粮、工具，在工地上吃咸菜拌饭，支援乌溪江引水工程建设。妇女起早贪黑，舍弃家事在工地上干活。"为了靠前指挥，谢高华将总指挥部办公室从衢州市政府大院迁到工地现场。1992 年 8 月，乌引工程从渠首至龙游梨园段总干渠试通水成功，在农田抗旱中发挥了重要作用。1994 年 8 月初，衢州市范围内的 53 公里总干渠全线贯通。1994 年 8 月 4 日，浙江省政府在龙游举行隆重的乌引工程之衢州至金华通水典礼，之后又陆续将水送到金华的 2 个县（区）。

风雨兼程战山河，双手凿开千层岩。衢州人民 4 年多艰苦的"逆天改命"努力创造了奇迹。"自力更生、艰苦奋斗、团结协作、无私奉献"的乌引精神随之孕育而出。4 年间，衢州人民投入 1000 余万个工日，在 53 公里的总干渠上开凿了 18 个隧洞，总长 9863 米；架设了 6 条渡槽，总长 1468 米；建成了 5 处倒虹吸，总长 708 米；还建成了 430 多处小型建筑物，填挖土石方总量达 730 余万立方米，基本完成了衢州市范围内工程总干渠的建设任务，工程实际总投资达2.88 亿元。

三、建后成效

乌引工程（图 9-2）建成后，衢州南部农田干旱的历史从此结束。滔滔江

水灌溉柯城区、衢江区、龙游县等 11 个乡（镇），为沿线东港、沈家、下张和龙南等工业区供水，从根本上解决了衢州市南部地区严重缺水的状况。自乌引工程建成运行 30 多年来，灌区累计引水量达 25.8 亿立方米，其中向金华供水 1.5 亿立方米，乌引工程已成为衢南经济发展的一条命脉，其水资源也成为衢州市招商引资、工业发展的优势，为衢州经济社会发展作出了重大贡献。

此外，工程的建成还使周边的生态环境大为改善，沿线种植柑橘、橙子、胡柚等小水果 450 亩，全线种植水杉、柏树等各类树木 30 万棵，渠道两侧种草植被近 32 万平方米，修筑挡土墙、护坡 8000 米。现在的乌溪江引水工程已经成为美丽风景区，全线完成干渠绿化 40 公里，春有花、夏有荫、秋有果、冬有绿，工程干渠成了名副其实的"绿色长廊""生态长廊"。

图 9-2　乌溪江引水工程鸟瞰图

第十章
水司河湖行

第一节　古代河湖长制

一、古代历史变迁

自古以来，我国就十分重视水利事业的发展，历代都设有专门的河湖管护机构，古代河长制可谓源远流长。随着修建的堤、渠、塘、陂、堰、运河、灌溉、城邑等水利工程不断增多，始有堰长、沟长、渠长、斗门长、河堤使的设置，在保障江河安澜、水资源管理、水权维护等诸多方面发挥了重要作用。河长制有鲜明的水文明烙印，通过挖掘古代"河长制"的制度设计、管理规定及价值取向，阐释制度的内在连续性，反映水文明的绵厚底色。

（一）尧舜时期——司空

传说尧舜时期，中原洪水泛滥成灾。尧命令禹的父亲鲧治水未果。舜命大禹为司空，负责治水，总领百官。从此，禹与益、后稷遵照舜的命令治水，改堵为疏，把洪泛区分为若干责任区，命令当地诸侯百官征集民夫整治水土。这时的司空，专司百工，水利管理仅是其职责中的一部分，实施范围主要在黄河流域。西周的司空，位次三公，与六卿相当，与司马、司寇、司士、司徒并称五官，掌水利、营建之事，是代表掌管当时最先进的水利科学技术手工业制造的官员。

（二）春秋战国时期——都匠水工

春秋战国时期，各诸侯国负责所辖地区的水事活动和水治理。当时诸侯国主要让司空负责修筑堤防，如《荀子·王制》载："修堤梁，通沟浍，行水潦……司空之事也。"由于互争水利、互避水害，水事纠纷日益增多，治河机构逐渐扩大，国家普遍增设水官、都匠水工等负责治河、开渠等事务。

（三）秦汉时期——河堤使者

秦汉时期，国家统一，秦设都水长、丞，掌管国家水政，并制定出一系列法规、条款，其中《田律》是古代制定的最早的农田水利法规。汉承秦制，中央治水官员仍设都水长、丞，并在太常、少府、司农、水衡都尉等下设都水官。因都水官数量众多，汉武帝特设左、右都水使者管理都水官。到汉哀帝时才罢都水官员和使者，设河堤谒者，并规定沿河地方郡县官员负有修守河堤的职责，修守河堤的人数有时多达万人以上。汉武帝以前，"都水使者居京师以领之，有河防重事则出而治之"，相当于钦差大臣的身份，可能是临时任职。到了成帝始建四年（公元前13年），以王延世为"河堤使者"，从此黄河上设置了专职官员，河政得以事权统一。

（四）三国魏晋时期——都水台

三国魏晋以来，中原战乱，治河机构仍承汉制，除设都水使者、河堤使者、河堤谒者、水衡都尉外，水部下又有都水郎、都水从事等，但是这些官员的职位都不高，后来逐渐减少，甚至有时只剩一人，治河机构大规模缩减。虽然社会动荡分裂影响了水利事业的发展，但总体相较过去而言取得了一定进步。特别是曹魏、两晋时，初步设置了中央水利机构——水曹、都水台。曹魏时，中央行政机构的尚书台下设职能部门二十三曹，其一为水曹，置水部郎，自此我国历代中央始有专门水利机构的设置。都水台始于西晋，初置都水台有使者、主簿、令史等职，另外还有河堤谒者，主要负责治河。南北朝也置有都水台，并设使者、参军、河堤谒者等职。

（五）隋唐五代时期——渠斗长制

隋初有水部侍郎，隶属工部，下设都水台，后改台为监，又改监为令，统舟楫、河渠两署令。隋朝虽在开凿运河、修建宫殿等大规模工程上下了大力气，但对黄河下游河事不够重视，河防机构也较为薄弱。

唐承隋制，除在尚书省工部之下专设水部郎中、员外郎以外，又置都水监。唐代水利发展达到了空前高度，其水利法规的架构与实施，支撑农田水利工程、大运河的营运，并为其后各朝代所继承。唐代"渠斗长制"见于《水部式》中，《水部式》是中央政府颁布的第一部国家水利法规，是水利工程管理制度的重要创举。唐代通过设置"渠斗长"，明确了渠长、斗门长的管理职权。通过对灌区实施严格的水资源管理，并进行有效的分配、节约使用，满足了大规模的农业灌溉需要，从而壮大了唐代的农业基础，促进了唐代的繁荣强大。

唐代渠长、斗长制度在后来的灌溉工程中普遍设置、世代传承。后唐时除设河堤使者之外，又设水部郎中、河堤牙官、堤长、主簿。北宋时期，国家复归统一，黄河下游逐步形成专职河官与地方河官相结合的河防体系。

（六）宋元时期——河堤使制

北宋沿袭了唐代水利制度体系，王安石主导的熙宁变法更有《农田利害条约》，推动了农田水利建设与管理。北宋治河的主要任务是对黄河下游洪水灾害的防御和抗灾，最主要的措施即为筑堤、堵口、引河、减河。同时，对堤防管理也高度重视，"河堤使制"应运而生。此制度通过皇帝的诏令发布和实施，具有最高的权威性和制度影响力，不仅涵盖官职设置、责任划分、任务要求，还明确了离任要求和惩罚机制，契合黄河治理的需要，也对后世江河管理产生了深远的影响。

金代治河机构承袭唐宋制，中央政府设都水监总管河防事宜，并在尚书省下设工部，建立巡河官制度。金宣宗兴定五年（1221 年）设都巡河官六员，沿河地方官员也都兼理河务。金章宗泰和二年（1202 年）颁发《河防令》，规定了中央、州县的河防职责，如每年汛前户部、工部、都水监派出河防检视官、散巡河官、都巡河官沿河巡查河防，考核是年河工岁修情况，并检查次年春修备料，待秋冬黄河安流后，才能回京还职，河防修守体制进一步加强。

（七）明清时期——堰长制、河道总督管护

元朝中后期到明朝初期，江南河堰一直采用"官督民办"的管理方式，至明朝时期已经形成了固定的岁修制度，设有分堰节、开堰节。

明代开始实行堰长制。各渠设堰长 1 人，负责渠管理的堰长由五斗田以上粮户轮流担任，粮户多有不识字的，则委派有知识的人代理堰长，行使职权，主持堰务。各分支堰渠也有专人管理，遇重大洪灾，呈报上司解决。各堰管理制度都立碑为记，知照后代执行。堰长制度在清代和民国时期也得到了沿袭。清代设有堰工局，实施"堰长制"，在地方政府的监督下，由乡绅具体负责堰渠维修、管理经费、制定章程等事宜。这种管理方式延续至今，保证了江南河堰的可持续运行。明清时期的"堰长制"与现代的河长制类似，这种官方与民间结合的工程管理体制，体现了受益群体共同参与建设和管理的社会组织形式。

清代河防机构设河道总督专领河政，是主管黄河、运河或海河水系事务的水行政长官，简称"总河"。下设管河道、厅、汛、堡，由道员、同知、通判、州同、州判、县丞、主簿、巡检分段修守河防，沿河各级地方政府仍有修守职责。清咸丰五年（1855 年）后，河务归地方管理，河道总督便演变为常设机构，类似于现在的流域机构，统管各地河湖管理和管护，形成一系列管护制度。

二、制度变革意义

古代河湖长制从尧舜时期的司空、春秋时期的都匠水工、秦汉时期的河堤

使、三国魏晋都水使等河湖官员建管管护，到唐代的"渠斗长制"，两宋时期的"河堤使制"，明清时期的"堰长制"及"河道总督"监督管理制度，变化的是历史的变迁、朝代的更迭，不变的是"河长制"的延续、传承和积淀，不仅仅是名称上的一致，在顶层设计、制度内涵、价值取向上都呈现出连续性。

（一）顶层设计的连续性

从唐代、北宋、金代开始，古代的"河长制"的设计均体现了国家意志，都是在中央政府层面上通过设立"河长"对河流、灌区、渠道进行管理的制度安排，体现出国家对河流、渠道行政管理的加强，唐、金两代还以法律的形式予以明确，更凸显"河长制"的地位。

（二）制度规定的连续性

古代河长制的发展不是一蹴而就的，经过不同时期的建设完善，逐渐在制度内涵上趋于一致，如在设置专门的河道行政管理机构的基础上，赋予了沿河行政区划的行政长官防汛、治理的责任。皇帝直接下令要求沿河知州要兼任本州管辖范围内的"河堤使"，沿河知州以及副职要负责河防之事。在北宋赋予知州职责的基础上，金代还明确了各州所属县的县令也要辅佐知州进行河道的治理，形成上下协同、共担其责的架构。

（三）价值取向的连续性

唐代以后，"河长制"在责任追究、奖罚措施等方面有共同的价值取向。唐代的"渠斗长制"规定，每年年终，府和县会派官员对各个渠道和闸门的长吏进行督导和考核，考核好的，要"录其功"；宋太宗时规定，如果"河堤使"和水利官员巡河不认真，黄河出现问题，"违者当置于法"，即要依法惩处。金代《河防令》明确朝廷每年汛前派出河防检视官员与沿黄的州县"河长"沿河巡查、落实防汛举措、检查防汛备料，如遇到黄河出险，要一同进行抢险，必须等黄河安澜后，才能离开返京复命还职。这种奖罚分明的管理机制有力保障了"河长制"的实施，其价值取向上的一致性，使得"河长制"更具有历史的连续性和影响力。

纵览历史，到隋唐时期，中央政府基本形成两套相对独立的水利机构——水部和都水监，标志着我国古代水利管理体制已成熟并定型。水部属于政府行政职能部门，掌管水利政令，进行水行政管理；都水监属于水利工程施工组织管理部门，具体负责河道、堤防工程以及运河开挖、疏浚等工作。水部和都水监没有隶属关系，但都水监受水部监督。宋元明清时期，我国古代水利行政管理体制虽有变化，但基本沿承隋唐时期的水部和都水监管理体制。

我国古代水利管理体制与机构设置为当时的治水兴国提供了强大制度保障和技术支撑，同时也为我国当代水治理事业和治理能力现代化建设提供了借鉴。

第二节　现代河湖长制

一、发展历史及其内容

（一）发展历史

河湖长制即河长制、湖长制的统称，是由各级党政负责同志担任河湖长，负责组织领导相应河湖治理和保护的一项生态文明建设制度创新。通过构建责任明确、协调有序、监管严格、保护有力的河湖管理保护机制，为维护河湖健康生命、实现河湖功能永续利用提供制度保障。

河长制是因时而动、应运而生的一项重大改革战略。它以中央全面深化改革领导小组第 28 次会议为强烈信号，以《中共中央办公厅、国务院办公厅印发〈关于全面推行河长制的意见〉的通知》（厅字〔2016〕42 号）为实施纲领，以习近平总书记 2017 年新年贺词"全国每条河都有河长了"为全面启动标志。2021 年 5 月 31 日，水利部印发《全面推行河湖长制工作部际联席会议工作规则》《全面推行河湖长制工作部际联席会议办公室工作规则》《全面推行河湖长制工作部际联席会议 2021 年工作要点》《河长湖长履职规范（试行）》。2022 年，遂宁市河湖管理保护中心在全国率先创新提出"行政河长＋技术河长＋民间河长＋河道警长＋检察长"五长共治治水新机制，建立"市、县、乡、村"四级河长体系。

（二）浙江先行示范

浙江是最早开展河长制试点的省份之一，在河长制工作方面走在了全国的前列，这一制度是习近平总书记亲自点题、亲自谋划、亲自部署、亲自推动的。自 2008 年起，浙江推进河长制的脚步就从未停歇，湖州、衢州、嘉兴、温州等地陆续试点推行河长制。

2013 年，浙江省委、省政府出台《关于全面实施"河长制"进一步加强水环境治理工作的意见》，并发出了"五水共治"总动员令，明确了各级河长是包干河道的第一责任人，承担河道的"管、治、保"职责。从此，肇始于长兴的河长制，走出湖州，走向浙江全境，逐渐形成了省、市、县、乡、村五级河长架构。2014 年，按照"横向到边、纵向到底"的要求，建立了省、市、县、乡、村五级河长体系，同时层层设立河长制办公室，实现了集中办公、实体化运作；2015 年，召开浙江全省河长制工作电视电话会议，浙江省委、省政府主要领导部署推进河长制工作，同年出台《中共浙江省委办公厅浙江省人民政府办公厅关于进一步落实"河长制"完善"清三河"长效机制的若干意见》。2017 年 7 月

28 日,《浙江省河长制规定》在浙江省人大常委会通过,成为全国首个省级层面专项立法的河长制法规,《规定》从 2017 年 10 月 1 日起施行。该规定科学设置了河长责、权、利,规范了河长制运行体系。这一举措标志着浙江省河长制工作迈上了法治化新台阶,确保了河长履职有法可依、有章可循。这是全国首个省级层面河长制地方性法规,标志着浙江省河长制工作有了全面的法律保障,使其进入了法治化运行的新阶段。

为全面深化浙江省河长制工作,根据浙江省委办公厅、省政府办公厅《关于全面深化落实河长制进一步加强治水工作的若干意见》(浙委办发〔2017〕12号)文件要求,浙江省"五水共治"工作领导小组办公室、浙江省河长制办公室制定《浙江省全面深化河长制工作方案(2017—2020 年)》,旨在全面贯彻落实党中央、国务院决策部署和浙江省委、省政府治水要求,坚定不移地走"绿水青山就是金山银山"之路,以问题为导向,以生态优先、绿色发展为指引,全面深化落实河长制,构建党政同责、部门联动、职责明确、统筹有力、水岸同治、监管严格的治水机制;围绕水污染防治、水环境治理、水资源保护、水域岸线管理保护、水生态修复、执法监管等方面主要任务,全面推进"山水林田湖"综合治理,打造"浙江最美河流";以更高的要求、更严的标准、更实的举措,按照"系统化、制度化、专业化、信息化、社会化"要求,全力打造浙江省河长制工作升级版。

(三) 衢州推行典范

优良的水质是浙江衢州,也是衢州最具代表性的金名片之一。自 2013 年推行河长制以来,衢州市自上而下建立健全以党委政府主要领导担任总河长,党政领导担任河湖长的河湖长制责任体系。市、县、乡、村四级河湖长共 1747名,实现了从大江大河到小微水体水域全覆盖,在保护水资源、防治水污染、净化水环境、修复水生态、保护水域岸线等方面发挥了重要作用,产生了显著的生态、经济、社会效益,连续九年夺得浙江省"五水共治"(河长制)"大禹鼎"、连续三年夺得"大禹金鼎",治水满意度连续五年位列全省第一,并获得国家水生态文明城市称号。

2018 年,《关于印发衢州市"五水共治"(河长制)碧水行动实施方案的通知》(衢政办发〔2018〕63 号)提出深入践行绿水青山就是金山银山的理念,全面落实中央、省环保督察整改,助力"活力新衢州、美丽大花园"建设。围绕治水继续走在前列的目标,深化源头治理、健全长效机制、扩大工作成果,严防反弹回潮。高标准推进"五水共治",高水平落实"河长制",以生态文明示范创建行动为抓手,以改善水环境质量为核心,深入推进"污水零直排区"和美丽河湖建设,全面实现污水"应截尽截、应处尽处"。

从"万里清水河道建设"到"五水共治",从"美丽河湖"建设再迭代升级到"幸福河湖"。近两年，衢州通过强化四项机制、开展四项行动、落实四项保障，深化河湖长制，做好"以水促共富"大文章，努力打造全域幸福河湖建设的新高地，为当地的生态与经济发展作出积极努力。

2022年，衢州市围绕"打造诗画浙江大花园核心区金名片"目标，通过"三抓""三聚焦""三强化"等工作措施，构建起"责任明确、协调有序、监管严格、保护有力"的河湖长制工作协同高效新格局。2023年，衢江区以河湖长制为抓手，河长统筹协调，建设幸福河湖；保障杭州亚运，持续清理"四乱"；开发数字系统，提升履职效能，有效助推衢江区水利高质量发展。

自2021年水利部提出以总河长令及时部署年度河长制湖长制工作任务、河湖"清四乱"等专项行动以来，衢州市分别于2022年、2023年，以总河长令形式发布6项重要工作和通知，从"提高思想认识，强化治水责任担当""健全工作机制，夯实河湖长履职基础""实施专项行动，推动河湖长制取得实效""强化要素保障，营造良好治水氛围"等多方位推进河湖长制工作，打造四省边际绿色生态"桥头堡"，建设诗画浙江大花园核心区，实现水利高质量发展的衢江样板，通过全面强化河湖长履职、全面落实水环境质量管控目标、全面清除妨碍河道行洪突出问题、全面落实抗旱保供水工作四方面做好当前河湖长履职等有关工作。至此，衢州河湖长制随着浙江全域幸福河湖建设的展开，迈入新时期历史新阶段。

二、主要任务和职责

（一）主要任务

（1）加强水资源保护，全面落实最严格水资源管理制度，严守"三条红线"。

（2）加强河湖水域岸线管理保护，严格水域、岸线等水生态空间管控，严禁侵占河道、围垦湖泊。

（3）加强水污染防治，统筹水上、岸上污染治理，排查入河湖污染源，优化入河排污口布局。

（4）加强水环境治理，保障饮用水水源安全，加大黑臭水体治理力度，实现河湖环境整洁优美、水清岸绿。

（5）加强水生态修复，依法划定河湖管理范围，强化山水林田湖系统治理。

（6）加强执法监管，严厉打击涉河湖违法行为。

（二）主要职责

（1）总河湖长职责负责领导本行政区域内河湖长制工作，分别承担总督导、总调度职责。

（2）市、区级河湖长职责负责牵头协调推进河（湖）突出问题整治、水污染综合防治、河（湖）巡查保洁、河（湖）生态修复和河（湖）保护管理，协调解决实际问题，检查督导下级河长、库长和相关部门履行职责。

（3）街乡级河湖长职责负责本辖区内河（湖）管理工作，制定落实河（湖）管理方案，组织开展河（湖）整治工作，按照属地管理原则配合执法部门打击涉水违法行为。

（4）村级河湖长职责负责本村范围内河（湖）整治工作，落实专管员职责，确保河（湖）监管到位、保洁到位、整治到位。

（三）推行意义

（1）落实发展绿色理念、推进生态文明建设的必然要求；解决中国复杂水问题、维护河湖健康生命的有效举措；推行河湖长制是完善水治理体系、保障国家水安全的制度创新。

（2）有效调动地方政府履行河湖管理、保护主体责任，促进河湖管理有人、管得住、管得好，河湖功能逐步恢复，有力推进水资源保护、水域岸线管理、水污染防治和水环境治理。

三、信安湖河长制成效

信安湖是浙江省衢州市城区内的河道型人工湖，2006年因塔底水利枢纽工程建成蓄水而生。十年前的信安湖，是一个名副其实的臭水湖、垃圾湖，与千年古城的崇高地位极不相符，无论是水质水量还是水景观环境上，都无法为衢州这座城市增色添香。

2013年，"绿水青山就是金山银山"新执政理念的提出，引领衢州走上了新型生态发展道路。市委、市政府痛下决心，发起一场声势浩大的全市域治水攻坚战，引导全市人民对环境污染开始说"不"。2014年，随着浙江省"五水共治"的全面展开，衢州提出了"省内领先、国内一流"的治水新目标，力争全市域"一年治黑臭、两年可游泳、三年成风景"。信安湖作为全市重点治水区域，更是狠招迭出：市长直接当起了信安湖湖长，铁腕关停信安湖流域污染企业，设立信安湖流域畜禽养殖禁养区，坚决叫停流域内所有河道采砂点，衢州城市大型污水收集整治工程也全面开工建设。保护信安湖，成为全市人民的共同行动。

2017年11月30日，在获得地方立法权后，《衢州市信安湖保护条例》获浙江省人大常委会批准。衢州市成为全国首个为河湖（信安湖）生态立法，出台生态河道地方标准的市。2018年3月1日，《衢州市信安湖保护条例》正式实施，信安湖成为继西湖、南湖之后，又一个被提升到地方性法规高度进行保护的浙江湖泊。从保护信安湖开始，衢州作为"钱塘江源头生态屏障"的功能定位再次拉高标杆。近年来，经历流域综合治理后，绿荫夹道、鸥鹭翔集的信安湖晋升为国家级水利风景区，成为了衢州城中最璀璨的明珠。

十年来，信安湖将"山水林田湖草"作为一个生命共同体的理念融入河道治理，在修复健康水生态、构建宜居水环境上，信安湖流域从单一治理转向全流域环境综合整治；信安湖国家水利风景区范围内的 67.2 公里滨水空间实施提升改造，形成 200 多公顷的滨水绿廊，50 公里的环湖绿道；结合全国摄影创作基地，完成沿岸 15 座破旧机埠拆改建美化工作；落地浮石古渡、上下埠头、大草原、百家塘和乌溪桥堤 5 个网红打卡摄影点，以小范围景观提升达到最佳效果；结合水利党建文化展示厅、水情科普馆、水文化主题公园等基地建设，发挥水利风景区传播文化科普平台的作用，通过"两点一线"红船游路线和诗词长廊、大禹鼎雕塑等景区互动体验设施，展示水利创新成果和水利建设成就；信安湖连续多年承办了中国滑水巡回大奖赛、衢州 TF 国际铁人三项邀请赛、衢州环信安湖马拉松等赛事。湖畔的水亭门历史文化街区、文昌阁与天皇塔、千亩大草坪、鹿鸣公园（图 10 - 1）、信安湖光影秀等，共同组成了宜居、宜业、宜游的幸福湖，更是水利工程与人居环境完美融合的佳作。

图 10 - 1　鹿鸣公园

如今的衢州九夺五水共治"大禹鼎"，荣获联合国"国际花园城市"称号，高位创成全国文明城市，而信安湖已荣获全国摄影创作基地、首批浙江省"五水共治"实践窗口、省十大运动休闲湖泊，环信安湖绿道入选浙江省首届最美

绿道、市级河湖长制联席先进单位等拥有多个"国字号""省字号"和市级头衔荣誉，成功入围国家水利风景区高质量发展典型案例。

让信安湖一湖碧水复又回，市民每天都能倾听信安湖上空飞鸟的尽情欢唱，欣赏信安湖沿岸的烟火诗意，享受信安湖上鸥鹭翔集的视觉盛宴，这是信安湖之幸，是千年古城之幸，更是生于斯长于斯的全体市民之幸。

第十一章

玉龙佑潆水

第一节　龙舟水事

一、赛龙舟

（一）水与信仰

"龙"是中华民族的象征，历来与凤凰、麒麟等被列为祥瑞之物。在我国，龙王庙遍及各地，与龙王庙有关的龙王祭祀仪式古来有之。祭祀龙王的目的大多是为了祈求降雨或是保佑风调雨顺、出海平安，是我国最为传统的民间信仰和习俗。人们熟知的"赛龙舟"，其实也与水的祭祀仪式颇有渊源。"赛龙舟"是端午节一项重要而且古老的传统民俗活动，其起源可追溯至原始社会末期，相传它最早是古越族人祭水神或龙神的一种祭祀活动。

（二）水与纪念

不同时代、不同地域的人们为其赋予了不一样的传说与意义。相传，两千多年前屈原自沉汨罗江后，百姓自发划着船只捞救却没有找到。划龙舟是为了驱散江中鱼群，保护屈原遗体免受伤害，由此便逐渐形成了端午赛龙舟祭屈原的习俗。而在浙江，有一种说法是以龙舟竞渡纪念曹娥。《后汉书·列女传》中载，曹娥是投江死去的，民间则传说她下江寻找父尸。浙江地区多祭祀之，《点石斋画报·虔祀曹娥》即描绘了会稽地区人民祭祀曹娥的景象。

（三）水与竞渡

战国时期，龙舟竞渡习俗已在吴越之地产生。唐朝时，端午节划龙舟颇有千帆竞渡、万人空巷的架势。到宋代，龙舟在很多地方已发展成全民性娱乐活动。范仲淹在杭州任职时，就曾鼓励举办龙舟赛，以活跃经济。至明清时期，龙舟竞渡（图11-1）作为"顶流"，仪式感拉满——点殇、进河、摆祭、斗龙、收殇，让人目不暇接。当时，温州还出现了被称为"水上台阁"的观赏龙舟，

《温州竹枝词》一诗中就曾描写了这一热闹画面："午日江城竞渡时，绮楼画阁望迷离。半天忽动秋千影，龙女腾空作水嬉。"

（四）水与竞技

竞技型龙舟竞渡，形成于20世纪70年代至90年代，其发展可追溯至1976年举行的中国香港龙舟邀请赛。此后，龙舟竞赛成为现代体育项目，热潮席卷全球30多个国家。在国际上，龙舟运动属于一种竞技型的体育项目。1980年，赛龙舟被列入中国国家体育比赛项目，每年都会举行"屈原杯"龙舟赛。1991年6月16日（农历五月初五），在屈原的第二故乡中国湖南岳阳市，举行了首届国际龙舟节。2006年5月，经国务院批准，龙舟竞渡被列入第一批国家级非

图11-1　《雍正十二月行乐图》轴之《五月竞舟》

质文化遗产名录，并作为2010年广州亚运会正式比赛项目，亮相于世界舞台。鼓声的感染力、中国龙的外形、同舟共济的龙舟精神，"中国味"的具象化表达，为这项运动打上了深深的文化印记，成为其在国际上"圈粉"的魅力所在。

（五）水与文旅

衢州市通过五水共治行动，进一步美化了河湖环境。在全市着力打造"活力新衢州，美丽大花园"的大背景下，衢州以创建国家全民运动健身模范市为统领，以项目、赛事、场地、产业、政策五大体系为抓手，积极探索可持续发展的道路，也发展起了更多的水上运动项目。其中，衢州龙游县溪底杜村拥有丰富的历史文化和民俗文化，是国内最早被命名为全国龙舟竞赛基地的县城，是浙西龙舟运动的一块福地。浙江省第四届体育大会中的龙舟比赛，就在美丽的衢州信安湖举行。近年来，市水利局和区水利局全力推进全域幸福河湖建设，适度开放信安湖河岸空间，做好"水利＋体育"文章，举办桨板大赛，让动态的衢州"西湖"更富活力。随着一场场活动的举办，信安湖水文化旅游的知名度和美誉度进一步提高，一条独具特色的"亲水经济"发展道路正越走越宽。

二、水龙节

旧时每年农历五月二十日，衢北一带有救火会的小组，都要将主要的灭火设备水龙抬出来比赛，名曰"水龙会"（图 11-2）。峡川"水龙"，是一种古老的消防工具，源自清朝时期当地的民间救火组织——救火会。"水龙"精妙，在于可由人力简单操控，实现半自动持续取水，达到快速扑灭火源的效果。每当龙枪"呜"地一吹，就知道哪里失火，大家就会挑起水桶赶去灭火。

"水龙"不仅蕴含古人的消防智慧，更具有鲜明的峡川特色。借助"水龙"打造民俗文化旅游节和"水龙会"文旅品牌，民众可以一起赛水龙，泼吉祥水，感受传统民俗节日魅力。"水龙会"已成为百姓期待的民俗文化盛会。

图 11-2　水龙会

第二节　祭祀大典

中国人历来注重仪式。《周礼》说："凡国之大事，治其礼仪。"在衢州，信安湖畔，最重要的祭祀活动即为"南孔家庙祭祀大典"，规模庞大，影响深远。

一、衢州南孔家庙变迁

在衢州市柯城区新桥街 96 号，黛瓦红墙的孔氏南宗家庙坐北朝南，静静伫立，庄严肃穆又亲切古朴，每日前来参观学习的市民、游客络绎不绝。隔街相望的孔子文化公园里，一座高约 9 米、重约 12 吨的孔子青铜塑像，长髯垂胸，衣袂飘飞，"子温而厉，威而不猛，恭而安"，深邃的目光，遥望典阜故园。

天下孔庙有 2000 多处，一处在山东曲阜，一处在浙江衢州。以衢州孔氏为核心的"孔氏南宗"，是孔子后裔中的一个特殊宗族，它的特殊源于 890 多年前的一缕血色残阳。南宋建炎二年（1128 年），孔子第四十八代嫡长孙、衍圣公孔端友奉宋高宗赵构之命赴扬州陪皇帝进行郊祀后，扈跸南渡，于建炎三年（1129 年）来到浙江衢州，被高宗赐家于衢州。近 900 年间，孔氏南宗在此绵延，南孔家庙伫立城区，受诏"权以州学为庙"祭祀孔子。衢州不仅因此成为孔氏大宗的第二故乡、儒家文化在江南地区的传播中心，还形成了具有鲜明特色和人文底蕴的南孔文化，并延伸出"南孔圣地·衢州有礼"城市品牌、"衢州有礼"市民公约、新时代衢州人文精神。

二、衢州南孔祭祀大典

祭孔大典（南孔祭祀大典）是衢州所特有的祭祀孔子的民俗活动，是指居住南方的孔氏宗亲在衢州孔氏南宗家庙举行的例行祭祀仪式。南宗祭孔活动以"东南阙里"衢州为中心，广泛分布于孔氏南宗在南方的各居住地。

自南宋建炎三年（1129 年）起始，南宗祭孔在衢州一直延续了 800 余年，新中国成立后一度中断。2004 年，南宗祭孔由南宗嫡长孙孔祥楷先生倡议恢复。9 月 28 日，衢州当地重启南宗祭孔典礼。参与南宗祭典的人员，一律穿现代人的服装，行现代人的礼仪，整个礼程不到 40 分钟。2004 年起，衢州每年举办祭孔大典。把献祭舞等议程改成了中小学生朗诵，参祭人员更加多元，形成了有别于曲阜、台北祭孔大典的鲜明特色。祭典分礼启、献礼、颂礼、礼成四章，孔子第七十六代嫡长孙孔令立作为陪祭人出席。在祭祀音乐中，礼生向孔子像敬献五谷、文房四宝、晋香。乐声息，全体参祭人员庄然肃立向孔子像行鞠躬礼。

三、南孔圣地传承有礼

近年来，衢州市委、市政府在南孔文化的传承和发展上下足了功夫。2011 年 5 月 23 日，浙江省衢州市申报的祭孔大典（南孔祭典），经中华人民共和国国务院批准，列入第三批国家级非物质文化遗产名录。2018 年 8 月，"南孔圣地·衢州有礼"城市品牌发布会在北京首次公开亮相。2022 年 7 月，中共衢州市委召开新闻发布会，正式对外发布"崇贤有礼、开放自信、创新争先"的新时代衢州人文精神。2023 年 9 月 12 日，中国首部以南孔文化为题材的音乐剧《南孔》登上了中央歌剧院的舞台，以"新国风"的表演形式演绎了一曲"家国天下·礼孝仁义"的浩瀚长歌。随着"南孔圣地·衢州有礼"城市品牌上升为"浙江有礼"、南宗祭孔大典升级为省级祭孔典礼（筹备）、打造国家 AAAAA 级南孔圣地文化旅游区等重大项目陆续开展，南孔文化已深深熔铸于这座城市的精神血脉，成为衢州最大的文化 IP。

衢州市高度重视南孔文化的研究与挖掘，积极推动南孔文化创造性转化、创新性发展，走出了一条文化与文明共同发展的新路。衢州市委、市政府沿着"八八战略"指引的方向，着眼习近平总书记强调弘扬优秀传统文化的"现实意义"和探索儒学文化的"现代意义"，作出了一系列具有示范意义的探索和实践，使南孔文化成为了衢州最闪亮的文化金名片。

第三节 时令节气

一、信安湖时令节

信安湖历史悠久，人文丰富，区域内以汉族为主，衢州本地人和大多数汉族的习俗一样，主要还是过春节、元宵、清明、端午、七夕、中元、中秋、重阳等传统节日。此外这里的百姓还过立夏、冬至、六月年、麻糍节等节日。

春节通常除了要准备年夜佳肴外，还需准备年糕、发糕、八宝菜、江山糕、索面、冻米糖和粽子等食物。粽子在衢州不仅是端午节庆必备的食物，也是过年的常备之物。各地区略有差异，龙游人爱发糕，江山人喜粽子，常山人好做索面。清明节要做的是清明果，一种以米粉为原料的大饺子。端午是衢州人颇为重要的节日，有包粽子、吃"五黄"（黄瓜、黄鳝、黄鱼、鸭蛋黄、雄黄酒）的，有在家户门上插菖蒲、艾叶的，还有在墙角地头撒石灰、门口用石灰画弓箭朝外的。

立夏时值农忙，这里的农俗有吃麦饼、烧饼、油条等，这一天必不可少的菜色是苑菜。中秋节，月饼是食品中的重头。衢州原本不以广式月饼著称，但在衢州的农村地区，现在仍有烤苏式月饼、徽式月饼的民俗，其中杜泽桂花月饼最具特色，其为空心月饼。重阳节时，衢州人多有登高爬山、饮酒看戏、朝拜放水的习俗，此时正是秋收之际，各地也有做麻糍的时令节日习惯。

冬至在衢州是个非常重要的节日，老衢州人口中都有"冬至大如年"或"冬至当于年"的说法，这一天还流传着"有的吃吃一夜，没的吃冻一夜"的俗语。在衢州农村北乡的姚家等，农村里还有过六月年的习惯，通常在农历的六月十五、十六这一天，要将军挂门，以避瘟神。此外，江山还有专门的麻糍节，用以庆贺农忙后一年的丰收，这个节日类似于庙会，要举行近一个月的时间，从县城到各地乡里，百姓们要抬着五谷神和城隍爷四处游走。

过完八月中秋，各村就陆陆续续开始举办庙会，衢州当地人俗称"赶会"。到了八月二十六是当地的高家会，九月还有杜泽会、莲花会等，类似于江山人的麻糍节。庙会赶到哪里，哪里就十分热闹，哪里就有好吃的食物，也因此吸引了不少专门赶会的商家。

二、九华立春祭

立春为梧桐祖殿祭春神句芒的庙会时节，"九华立春祭"是衢州九华乡妙源村梧桐祖殿迎春神的传统农时节令习俗。民间俗称"年大不如春大"。"九华立春祭"历史悠久，民俗积淀深厚，农耕文明特点显著，在2016年被列入联合国教科文组织人类非物质文化遗产代表作名录，同时也是国家级、省级非物质文化遗产。

"九华立春祭"最大特点在于拥有独特的活动场所——梧桐祖殿。梧桐祖殿是国内唯一保存完整的春神殿，由主殿和东配殿组成，总面积700余平方米，其内供奉的是春神句芒。20世纪，因种种原因，"九华立春祭"曾一度中断。直到2001年的暮春，正在衢州进行田野调查的民俗学者汪筱联，为避一场急雨，注意到老宅门头上显露出"梧桐祖殿"四个绿漆大字，因此产生了莫大的兴趣。在一次次调查考证后，他惊喜地发现，这座隐于深山的殿宇大有故事——当地人口耳相传，梧桐祖殿在新中国成立前曾有立春庙会和中秋庙会，"梧桐老佛"就是春神句芒。在汪筱联等人的倡议和参与下，柯城区及时恢复梧桐祖殿立春祭习俗。2004年，民间修复庙宇，复原春神像；2005年2月4日，梧桐祖殿恢复了沉寂40多年的立春祭。

九华立春祭的主要祭祀活动有：祭拜春神句芒、迎春接福赐求五谷丰登、供祭品、扮芒神、焚香迎奉、扎春牛、演戏酬神、踏青、鞭春牛、踏春、采春、尝春、带春等。其中，鞭春牛是整个立春祭活动的重要环节，由选定的人装扮成芒神鞭打春牛。地方行政主管官员行进香之礼，表示劝农春耕的开始。

妙源村周边村民也会在立春之日赶到梧桐祖殿，祭拜春神，感受春光，谓之"探春"。采集冬青树枝、松柏及野菜，谓之"采春"。将采集的松枝、翠竹、各种树枝插在门上，谓之"插春"。早餐和午餐必须吃青菜，谓之"尝青"。将柳枝、竹枝编成环状戴在小孩头上，以为能保四季清健，谓之"带春"。人们用最朴实的方式来迎接春天的到来，祈求新的一年风调雨顺、吉祥如意，形成了我国特有的祭春民俗。

"九华立春祭"，祭的不仅仅是春神句芒，更是希望从悠久的传承中，探寻文明的种子，建立起在现代社会生活的我们与古老中华文明的强链接，从而让它们永久地生存和发展下去，灿烂于时光隧道中。

三、浮石六月小年

鸣放炮仗、宴请宾客，这天堪比过年。农历十二月二十三（或二十四），是祭祀灶君的节日，也称"小年"。然后到除夕吃团圆饭、守岁，为"过年"。但在衢城北郊，包括现柯城区万田乡姚家村和衢江区浮石街道（原王家乡）毛家岭、航东、方家、杨家、仁堂桥和柯城区的姚家等五六个村却有六月过小年或称六月过"时节"的习俗。各村按特定的日期轮流过。节日期间，村民们烧香祭祖、走亲访友、宴请宾客，以驱除瘟神，如过年一般，非常热闹，称为"小年"。

2008 年，衢江浮石六月过小年习俗已成功入选衢州市级非物质文化遗产名录，不仅保存了富有衢州特色的民俗文化，还很好地呈现了睦邻友好的乡风乡貌，成为了一方水土养一方人的生活写照。

精神形态水文化

第十二章
灏水碧如蓝

水与人类生活和社会发展密不可分，无论是政治领域，抑或是军事、经济等领域。水作为生命之源和一切生物赖以生存的物质基础，它的独特功能和形态在中华民族的哲学思维中扮演了十分重要的角色。在我国传统哲学之中，不论是“水为万物本原”的本体论思考，还是“以象喻理”的哲理性沉思，以及治水实践中积淀出的辩证思维，无不洋溢着“水性”的特质和意蕴。

第一节　黄老之术与水

一、黄老之术的起源与发展

黄老之术是中国战国时的哲学、政治思想流派，尊传说中的黄帝和老子为创始人，故名。黄老之术始于战国，盛于西汉，假托黄帝和老子的思想，实为道家和法家思想结合，并兼采阴阳、儒、墨等诸家观点而成。黄老之术继承、改造了老子“道”的思想，是道家学派的一个重要分支，认为“道”作为客观必然性，“虚同为一，恒一而止”“人皆用之，莫见其形”。

战国时期，黄老之术的基本思想是以“道”为核心，强调“无为而治”，主张“因势利导”，崇尚“自然和谐”。强调君主治国应顺应自然，以“柔弱胜刚强”为指导原则，通过“无为”而达到“有为”。这种思想观念在春秋战国的社会背景下应运而生。

西汉时期，黄老之术达到了其辉煌的顶峰。文帝景帝两代以“清静无为”之学治理天下，与民休养生息，对于社会的各种生产活动及老百姓的生活，尽量不加干涉，任其自然发展，遂形成了以黄老道家思想为主的政治学说，史称“文景之治”。然而，从汉武帝开始，“废黜百家，独尊儒术”，至此“黄老之术”逐渐没落，退出了政治舞台。东汉时期，黄老之学与谶纬迷信相结合，演变为

自然长生之道，对原始道教的形成产生了一定影响。

二、黄老之术中水的哲学

老子是最早把水提到哲学的高度进行全面论述的人，因而老子的哲学又可称为水的哲学。老子的"上善若水"说最为有名。"上善若水，水善利万物而不争。"意为最高境界的善行就像水一样，滋养万物而不争强好胜。老子也在《道德经》中用了很多的语言来阐述水的"善""柔""不争""处下"等道理，从而更丰富了他的水哲学。

黄老之术的核心是阴阳五行学说，而水则是其中的重要元素之一。水是阴的象征，与阳相对。同时，水也是五行之一，具有生长、变化、流通的特性。因此水的形象和性质被赋予了丰富的哲学内涵。水既是一种物质，也是一种精神象征，其特性与黄老之学的思想相映成趣。

黄老之术中水的哲学具有丰富的内涵。它通过滋润与滋养的关系体现了和谐共生的理念；通过柔弱与谦逊的德行彰显了"守柔不争"的理念；通过适应与变化的特点展现了"道法自然"的理念；通过平静与包容的智慧体现了"无为而治"的理念。这些丰富的哲学内涵使得黄老之术中水的形象更加立体和生动。同时，这些哲学内涵也为现代人思考人与自然的关系、社会和谐发展等问题提供了有益的启示和借鉴。黄老之术中水的哲学主要体现在水之道、水之德、水之用、水之智慧等方面。

（一）水之道：滋养与包容

水，作为生命的源泉，具有滋润万物的特性。水通过对万物的滋养，使它们得以生长、发育，最终达到和谐共生的状态。在黄老之术中，水代表着生命的本源，它滋养着万物，使生命得以延续。这种滋润与滋养的关系，体现了黄老思想中以和为贵、和谐共生的理念。

老子喜欢用江海来象征人博大包容的气度，正所谓"江海所以为百谷王者，以其善下之，故为百谷王。"就是说"江海所以能够成为百川河流所汇往的地方，乃是由于它善于处在低下的地方，所以能够成为百川之王。"

（二）水之德：柔弱与谦逊

水具有柔弱的特质，它不与万物争强。在黄老之术中，柔弱与谦逊被视为水的德行之一。水在自然界中处于从属地位，它滋养着万物，却从不居功自傲。这种柔弱与谦逊的品质，与黄老思想中的"守柔不争"的理念相吻合。

老子认为处于高位尊位的人物，自我意识强，容易产生自我中心等不良心态。对于这些人来说，像水一样谦虚是十分重要的，所以老子将"谦下"作为一条重要的处世原则。

（三）水之用：适应与变化

水具有适应性与变化性。水是柔弱的，遇石则绕、遇堤则停、入渠而顺。水又是刚强的，在沉默中积蓄力量，一旦汇集就会爆发它的力量。老子说"天下莫柔弱于水，而攻坚强者莫之能胜，以其无以易之。弱之胜强，柔之胜刚，天下莫不知，莫能行。"意思是"天下再没有什么东西比水更柔弱了，而攻坚克强却没有什么东西可以胜过水。弱胜过强，柔胜过刚，天下没有人不知道，但是没有人能实行。"这也是水的适应性和变化性的表现。

在黄老之术中，这种特性被赋予了丰富的哲学内涵。水在不同的环境下，能适应不同的形态，从而得以存在。比如，在固态下它可能成为冰，在液态下可能成为雨，在气态下可能成为雾。这种适应性与变化性的特点，体现了黄老思想中"道法自然"的理念。

（四）水之智慧：平静与包容

水具有平静与包容的智慧。在黄老之术中，这种智慧被赋予了深刻的哲学意义。水的平静表面下隐藏着深厚的内涵，它包容着万物的差异与变化。这种平静与包容的智慧，体现了黄老思想中"无为而治"的理念。通过保持平静的心态，接纳万物的差异与变化，水得以实现自身的平衡与稳定。

综上所述，在黄老之术与水的哲学上，最重要的思想就是水是"几于道"的，老子曾说："渊兮，似万物之宗。"他认为水似乎是万物生产的本原，从水的自然秉性中领悟出人的本性，凝练出和谐共生的哲理，包括人与自然和谐、人与水和谐等思想。

水，无所不利，是其德宏；利而不争，是其德谦；处下藏垢，是其宽容。

第二节　儒家哲学与水

儒家哲学以孔子和孟子为代表，作为中国传统文化中的重要组成部分，强调人与人之间的关系，重视道德伦理和社会秩序。它主张"仁爱""义""礼""智"等核心价值观念，强调个人的修养和社会的和谐。它包含了丰富的思想内涵和价值观念，对衢州的治水思想影响深远。

一、儒家哲学的核心理念

儒家哲学的核心理念如下：

（1）仁爱与和谐。儒家哲学认为仁爱是人与人之间的基本关系，这种思想对于维护社会稳定和促进人际关系的和谐有着重要的意义。

（2）道德与修身。《大学》中提出"三纲领八条目"，强调了修身、齐家、治国、平天下的理念，即通过个人的修养和治理家庭、社会，以实现国家的繁荣和社会的和谐。

（3）天命与人道。儒家哲学认为人应该顺应天命，遵循人道，实现天人合一，追求人生的意义和价值。

（4）中庸与谦逊。儒家哲学主张待人接物及做事要保持适度和平衡，谦虚和谨慎的态度。

（5）礼乐与制度。儒家提倡以礼治国、以乐育人，强调通过礼仪和教育来维护社会秩序和道德规范，是维护社会稳定和发展的重要保障。

（6）孝悌与忠信。孝悌是家庭关系中的基本道德，忠信是社会关系中的基本道德，只有实现了这些价值观的统一，才能实现家庭和谐、社会稳定。

（7）士人与儒学。儒家哲学认为，士人应该以儒学为指导思想，不断学习、探索人生的意义和价值，实现个人和社会的和谐发展。

（8）传承与创新。儒家提倡尊重传统、传承文化，同时也不反对在传统文化的基础上进行创新和发展。

二、儒家哲学中的水形态

孔子论水，子贡问曰："君子见大水必观焉，何也？"孔子曰："夫水者，启子比德焉。遍予而无私，似德；所及者生，似仁；其流卑下，句倨皆循其理，似义；浅者流行，深者不测，似智；其赴百仞之谷不疑，似勇；绵弱而微达，似察；受恶不让，似包；蒙不清以入，鲜洁以出，似善化；至量必平，似正；盈不求概，似度；其万折必东，似意。是以君子见大水必观焉尔也。"

孔子一生与水结下了不解之缘，其博大精深的文化思想中蕴涵有丰富的水文化因子。孔子通过对水的观察、体验和思考，或从社会、历史的层面，或从哲学思辨的角度，或从立身教化的观念出发，来阐发对水的深刻理解和认识，进而以此来把握、认识人生、社会和自然世界的规律。

孔子有句名言："智者乐水，仁者乐山。"（《论语·雍也》）水为何被孔子这样的智者所乐呢？究其原因，不仅是因为水的各种自然形态——不论是波平浪静还是汹涌澎湃，不论是涓涓细流还是浩浩荡荡，不论是清水一泓还是烟波浩渺，都能让孔子这样的智者流连忘返，赏心悦目。同时，水还能洗掉人们身体和心灵的污垢，让人的身心保持一种净洁清明的状态。而且更为重要的是，"智者达于事理而周流无滞，有似于水，故乐水"（朱熹《四书集注》）。就是说，水具有川流不息的"动"的特点，而"智者不惑"（《论语·子罕》），捷于应对，敏于事功，同样具有"动"的色彩，而且水的各种自然形态和功用，常常给智者认识社会、人生乃至整个物质世界以启迪和感悟。

孔子的运动观——"逝者如斯夫"。奔流不息的河水不但令孔子赏之悦之，而且还引发了孔子无限的哲学情思。一次孔子站在河岸上，望着滚滚不断奔流的河水发出了"逝者如斯夫，不舍昼夜"（《论语·子罕》）的感叹。这是孔子对消逝的时间、人事与万物，有如流水般永远留不住而引发的哲思，它既有因时光流逝、功业未成而导致的深沉感喟，又具有对时间、永恒、变化等物质运动的抽象哲学问题的沉思带来的哲学感悟。

三、儒家哲学中的水象征

水，作为自然界的重要元素，在许多文化和传统中都具有丰富的象征意义。在西方，水常常被用来象征生命的源泉，清洁和再生。在中国传统文化中，儒家哲学对于水的象征意义有着独特的理解和阐释。

（一）水的柔软性与儒家之仁爱

水的柔软特性与儒家的仁爱观念有着密切的联系。首先，水的包容性启示人们要像水一样，无分别心，对所有事物都一视同仁的包容并融入周围的环境和人。在人与人之间的交往中，要尊重他人的差异和缺点，以真诚和善良的心去关爱他人。同时，在面对社会的变迁和发展时，也要像水一样适应并融入其中，积极为社会作出贡献。其次，儒家的仁爱观念对水的柔软特性作出了回应。儒家的仁爱强调的是内心的善良和真诚，这种内心的善良和真诚促使人们积极行善、爱人如己。这种仁爱观念使人们更加关注他人的需要和感受，强调对社会的责任和义务，使人们更加关注社会的和谐与进步，愿意为社会的繁荣和发展做出自己的贡献。

（二）水的破坏性与儒家之中庸

"中庸"是孔子综合自然、人类社会历史和现实经验提出的一种择优方法论的概念。它是辩证法与系统论思想的原初形态。"中庸"思想的形成，与古代先民对治理水患的经验教训总结与认识紧密联系。在上古时期，最紧迫的社会问题之一是同洪水作斗争。洪水，是古代先民的天敌，治理水患，是中国的一大历史特点。由治水过程中鲧的"堙"，到大禹的"疏"，再到春秋时"堤"的大量出现，标志着治水理论和技术发展到了一个新的阶段。尽管从某种意义上说，"堤"也是"堙"，但堤防的"堙"与鲧采用的"堙"有质的区别，是从单纯消极的防洪进入到积极防洪的飞跃。同时，"疏"与"堙"的关系是对立统一、相辅相成的，而且在一定的条件下可以互相转化，采用哪种治水方法为主，要因时、因地制宜。治水理论和实践中呈现出的"堙—疏—堤"的辩证发展过程，给孔子的理论思考以极大的启迪，使他深刻认识到：人类要去征服和改造自然，必须优选、探索成功的正道。这就为"中庸"方法论的出台开拓了道路。加之孔子所处的观念社会中，"有为"与"无为"的激烈思想斗争，以及孔子教学实践中的体会等，孔子金声而玉振之，将其集中起来，加以系统化和理论化，从而提出了"中庸"的思想。

（三）水的连续性与儒家之忠诚孝道

水的连续性象征着自然的流动与变化，寓意着宇宙间无尽的生命力。这种自然哲学思想与儒家强调的宇宙观和人生观有着密切的联系。宇宙是一个有机的整体，由许多相互关联的部分组成。水作为一种流动的物质，贯穿于整个宇宙之中；水作为一种创造生命的物质，可以滋养万物生长；水作为一种流畅、平和的物质，寓意着内心的平静和外在的顺畅；水还被视为一种谦虚的物质，总是流向低处，默默无闻地滋养着万物。

同样，儒家学说中忠诚和孝道也强调了人与人之间的紧密联系和持续的责任。水从高处流向低处，水的连续性犹如一条无形的纽带，把所有的人和事物紧密地联系在一起，形成了一个不可分割的整体。这与儒家所倡导的"天人合一"的观念有着异曲同工之妙。这种连续性体现了忠诚孝道的坚定和持久，是对个人、对家庭、对国家的坚定承诺；对长辈的尊敬、对个人的照顾、对后代的抚养。孝道是人与人之间最自然的联系，如同水一样，无法割舍。

（四）水对万物的滋养与儒家之修齐治平

儒家的修齐治平理念强调尊重生命、和谐共处，水滋养万物。两者都强调了对生命的尊重和照顾，以及对和谐环境的维护和珍视。修身：自我完善，修身则可以滋养灵魂，水可以滋养身体；齐家：家庭和谐，儒家强调家庭的和谐与稳定，水是生态系统中不可或缺的一部分，同时也在维护着整个系统的和谐与稳定；治国：社会公正，水的不偏不倚和公正特性可以被用来比喻社会公正和平衡的重要性；平天下：和平与大同，这种对大同世界的追求与水的普遍滋养和贯穿性有着类似的精神内核。

水的作用不仅在于滋养生命、孕育万物，还在于维护生态系统的稳定和和谐。同样，儒家思想也强调家庭和社会责任的重要性。在个人层面，儒家强调修身养性；在家庭层面，强调齐家；在社会层面，强调治国；在全人类层面，则追求平天下的大同理想。这种从个人到全人类的责任观念，与水的从微观到宏观的滋养作用异曲同工。水的公正与平等特性使其成为一种公平的象征。同样，儒家的治国理念也强调公正和平等的重要性。无论是水的公平性还是儒家的公正主张，都强调了每个人都有平等的机会和权利去获得滋养和支持。

四、信安湖治水哲学之道

自古以来，大禹治水（图 12-1）的传说就在衢州大地广为流传，而历代治水也体现了古代治水的"仁善之道、礼仪之道、奉献之道和智德之道",如古代郦道元经过衢州的勘地掘井,杨炯、张应麟、马璘、陈鹏年等一大批文人志士的治水之道,无不体现着儒家哲学中的治水之道,是古代哲人为官之道、为民之道的重要体现,在衢州江南水乡之中流传千年,华光溢彩。

图 12-1　大禹治水

　　大禹的治水精神是奉献精神的典型,是我国水利事业和水文化的宗师和大圣,是开启中华文明的元勋。大禹的治水,奉献精神是核心,表现出"鞠躬尽瘁,死而后已"的大无畏精神。大禹面对"洪水横流,泛滥天下"(《孟子·滕文公下》)的危难局面,勇敢地担起了治水的重任。为了治水,他"劳身焦思,闻乐不听,过门不入,冠挂不顾,履遗不蹑"。(《吴越春秋》)"股无玄,胫无毛,沐甚雨,栉疾风"(《庄子》),可见大禹把自己的全部心身都奉献给了治水事业。大禹治水使民族得以生存繁衍、国家得以开发。由于大禹治水的功绩,他在各部落中拥有了崇高的威望和至高无上的权力,形成了对部落联盟的有力领导,这些促使我国诞生了第一个奴隶制国家——夏朝,标志着我国从此进入了人类文明社会。由此可见,正是大禹治水这种献身精神铸就了我们伟大民族精神的基石。衢州治水亦是传承了大禹治水的精髓,历代都有甘于奉献的官员、百姓为治水而献身,大禹精神赋予了新的时代精神,增添了新的光彩。

　　衢州历来水旱灾害不断,衢州人民"万众一心,众志成城,不怕困难,顽强拼搏,坚忍不拔,敢于胜利",这种抗洪精神是无私奉献的突出体现,体现了为人民甘愿奉献一切的崇高民族精神。在国家和人民的生命财产面临毁灭性灾难的情况下,衢州人民奋不顾身、舍生忘死奔赴抗洪第一线,为了国家和人民的利益,他们视死如归,历来如此。

　　信安湖的现代治水中,更是以水之哲学精神,帮助人们摆脱固有的观念和思想束缚,以开放豁达的态度面对现代水利的各种灾害和壁垒,以更加包容和

创新的方式，促进不同文化和思想的交流与融合，助力构建多元文化共存的社会。而水的不断前进、不断更新，也激励人们在面对困难时保持信心和勇气，坚持不断地创新和发展。

水在信安湖未来的建设发展中，也将以更多的属性和特质，在水利发展中发挥更大的作用，更好地适应和服务于未来的城市与水的融合发展。它的儒家哲学思想将对未来的发展更具指导意义。

第十三章
一江清水源

第一节 古代水利精神

中国是文明古国，也是治水大国。中华民族的发展史，一定意义上就是一部治水史。习近平总书记指出："在我们五千多年中华文明史中，一些地方几度繁华、几度衰落。历史上很多兴和衰都是连着发生的。要想国泰民安、岁稔年丰，必须善于治水。"而在中华大地源远流长的治水实践中，逐渐形成了以水为魂的水利精神，这种精神力量的传承、发扬、光大，不断演绎着水文化的人文之魂，塑造出中国文明的重要和核心元素，成为中华文明的重要的组成部分，为促进中华文明的发展作出了举足轻重的贡献。

一、善利万物的奉献精神

老子说"水，善利万物而不争，故几于道"，"善利"是奉献，"不争"是无私，"几于道"即接近于道的境界，"善利万物而不争"是水精神中最核心的价值观念。衢州古代水利精神脉络与中国古代水利精神脉络一致，可上溯到大禹治水时期，约公元前 2200 年前后。大禹治水精神也是奉献精神的典型，还有记载说他"三过家门而不入"。大禹将全部身心奉献于治水事业，用自己的智慧和毅力解决了古代的水患问题，保护了人民的生命财产安全，为水利工程和生态保护树立了典范。大禹治水这种献身精神铸就了我们伟大民族精神的基石，而浙西衢州治水自古以来就传承大禹治水精神，历代都有甘于奉献的官员、百姓为治水而献身，善利万物的治水精神，在几千年的衢州大地上，愈加光辉夺目，创造出丰富多彩的水文化多样性，促进着衢州大地的城市复兴和社会发展，也赋予了衢州新的时代精神，在浩瀚的水生态文明之中熠熠生辉。

二、上善若水的尚德精神

老子在《道德经·八章》中提出的"上善若水"中的"善"，并非与伦理学中"恶"相对立的概念，它包含善良、美好，具有高尚品德的意思。"上善"就是说水是象征最善良、最美好、最具有高品德的人。老子用七个"善"来说明他"上善"的要求，分别是"居，善地""心，善渊""与，善仁""言，善信""政，善治""事，善能""动，善时"。老子还将"水性"与"人性"相结合，人具备水性之"七德"，近于道而尚德，孔子曰"夫水者君子比德焉。"即水如君子，有高尚之品德。水具有以下德行：一是"遍与而无私，似德"；二是"所及者生，似仁"；三是"其流卑下句倨，皆循其理，似义"；四是"浅者流行，深者不测，似智"；五是"其赴百仞之谷不疑，似勇"；六是"绰弱而微达，似察"；七是"受恶不让，似贞"；八是"包蒙不清以入，鲜洁以出，似善化"；九是"主量必平，似正"；十是"盈不求概，似度"；十一是"其万折必东，似意"。所以君子见大水一定要去观赏。

衢州古代治水，深受中国传统上善若水思想的影响，古代治水人以水陶冶人们的情操，寄托人民的希望，学习水的高尚品德，同时也"以水为师"，营造人水和谐的人文环境，构建古代人水和谐、百姓安居乐业的水美环境。

三、智者乐水的求知精神

孔子曰"智者乐水"，《论语·雍也》篇说"智者乐水，仁者乐山。智者动，仁者静。智者乐，仁者寿。"《论语·里仁》篇言"智者不惑"，《论语·颜渊》篇说"智者知人"，《论语·卫灵公》篇又有"智者不失人，才不失言"的记载，而在《论语·阳货》篇则说明了"惟上智与下愚不""好智不好学，其蔽也荡"。通过孔子对智者的论述可以看出，智是具备运动、快乐、不惑、知人、好学、善言等特质。孔子认为智者同水一样，是有很高德行的，所以智者乐水。可见，水给人生的启迪是积极的、充实的、丰富多彩的。"智者乐水"的精神追求在三衢大地的诗词歌赋中被一一展现出来，成为今人了解和追忆古人精神面貌的重要文化载体。

宋代朱熹在《四书集注》中对"智者乐水"解释道："智行达于事理而周流无滞，有似于水，故乐水。"意思是说，水是奔流不息的，好像在不断学习，不断获取新的知识，不断地寻求真理，因而就能通达事理。朱熹的《观书有感》写道："半亩方塘一鉴开，天光云影共徘徊。问渠哪得清如许？为有源头活水来"，借池塘之水的清澈，比喻人只有不断努力，用知识武装自己，才能永葆旺盛的活力。

荀子《劝学》言"青取之于蓝而青于蓝，冰为水之而寒于水"，又说："积水成渊，蛟龙生焉；积善成德，而神明自得，圣心备焉。故不积跬步，无以至千里；不积小流，无以成江海。"以水为喻，教育人们不断努力，才能勇往直前。

四、以柔克刚的坚定精神

老子在《道德经》中说说："天下莫柔弱于水，而攻坚强者莫之能胜，以其无以易之。弱之胜强，柔之胜刚，天下莫不知，莫能行。"就是说世间没有比水更柔弱的，然而攻击坚强的东西时，却没有什么能胜过水的。水性之柔，却无坚不摧。老子还说"坚强者死之徒，柔弱者生之徒"，坚强东西已失去生机，柔弱的东西往往代表新生事物，充满活力。老子将这一哲理应用到军事上，衍生出"以弱可以胜强，以少可以胜多"的结论。

"水滴石穿"是水以柔克刚最典型的事例。宋朝文人罗大经《鹤林玉露》记载，崇阳县的县令乘崖，曾见一个管库的小吏从库中出来，在巾下带有一文钱，他便下令给这小吏打二十大板。小吏便问："这一文钱微不足道，为何要打我二十大板？"乘崖县令在判词上写道："一日一钱，千日千钱，绳锯木断，水滴石穿"，说明小错不及时纠正，也会变成大的犯罪的道理，从侧面说明"千里之堤溃于蚁穴"。

五、浮天载地的包容精神

《春秋元命苞》中说："浮天载地者，水也。"管仲在《管子·形势解》："海不辞水，故能成其大。"秦国李斯在《谏逐客书》："河海不择细流，故能就其深。"清朝爱国名将林则徐亦有"海纳百川，有容乃大"之言，都形象地描述了水具有包容的博大胸怀。

水精神的包容性决定了水文化的包容性，水文化在保持自身特点的基础上，能使不同文化的学术思想、学术观点互相融汇、渗透和吸收真正做到尊重差异，包容多样，兼收并蓄。在博大的衢州水文化中，包含了丰富多彩的文化形态。不仅融合了"南孔圣地，衢州有礼"的儒家学术，更融合传统道家、墨家等各类学派的学术思想、学术观点，让信安湖独特的人文地理成为衢州社会经济发展的纽带与文化传播的重要通道。信安湖流域内水文化类型多样，分布广泛，因为水晶石的包容，让不同类型的文化在这里得以传承发展和融合，以水为纽带，流淌千年，经久不衰。水文化以博大胸怀，融衢州之文化类型大成，载千年水韵之文脉，繁花似锦，生生不息。

六、胸怀天下的担当精神

有关气象史、天文史、地学史的研究证实在公元前 4000 年至公元前 3000年，包括中国在内的很多地方，都发生过世纪性的大洪水。《尚书·尧典》记载：当时"汤汤洪水方割，荡荡怀山襄陵，浩浩滔天"。《尧典》的记载显示，华夏部族遭受的洪水几乎是濒临灭族的危机。他们与洪水抗争，鲧受命治水九年但没有成功。鲧治水是大禹治水的先声。鲧治水之前还有共工治水，但也都失败了。后来改派禹治理，禹获得了成功。

《尚书》中的一些篇章记载了这段历史。《尚书·益稷》记载：帝曰："来，禹！汝亦昌言。"禹拜曰："都！帝，予何言？予思日孜孜。"皋陶曰："吁！如何？"禹曰："洪水滔天，浩浩怀山襄陵，下民昏垫。予乘四载，随山刊木，暨益奏庶鲜食。予决九川，距四海，浚畎浍距川；暨稷播，奏庶艰食、鲜食。懋迁有无，化居。烝民乃粒，万邦作乂。"皋陶曰："俞！师汝昌言。"

这段文字深刻反映了大禹治水救民于绝境的过程。他为此"予方日孜孜""予乘四载""予决九川"，最后"烝民乃粒，万邦作乂"，治水获得成功。他救民于洪水造成的灭顶之灾，这是一种胸怀天下的格局和义无反顾的行动，这是沧海横流方显出的英雄本色。这种胸怀天下、敢于担当的动力，是大禹治水的核心精神，也是我们所有重大科技创新的动力和源泉。

第二节　现代水利精神

在衢州悠久的治水史中，不仅孕育了古代大禹治水精神，还孕育出现代省内外闻名的"乌引精神"和"铜山源精神"等优秀治水传统和宝贵精神财富。

一、乌引精神

太行山区林县人，苦战十春秋，靠一锤、一铲和两只手，修成红旗渠。浙西南金衢盆地衢州数十万民工，用推车、扁担、扛棍、铁锤，谱写了一曲人与自然争斗的颂歌，一股清澈的水流从乌溪江源头出发向东跨越衢州、金华 2 市 5县（市、区）的 20 个乡镇，滋润灌溉了 72 万亩农田。它全长 82.7 公里，其中衢州境内 53 公里，金华境内 29.7 公里，飞过灵山江，跨过 10 条溪，穿过 18 座山，越过 50 多处大型建筑物和 340 多处小型建筑物，它就是乌引工程，被誉为"江南红旗渠"。

乌引工程灌区是全国大型灌区，也是长江以南规模最大的引水工程，工程建设的规模之宏伟，施工速度之快捷，工程质量之优质，经济、社会、生态效益之显著。工程每年可向灌区供水9000万立方米，从根本上解决了金华、衢州2市5县（市、区）70多万亩农田严重干旱缺水的问题。同时，也解决了金华、衢州地区5个县（市、区）20多个乡镇的工业用水及生活用水问题，改善了生态环境，达到了综合利用水资源的目的。如今的乌引工程，犹如一条绿色的巨龙蜿蜒在衢南大地，滋润着金衢盆地数十万亩良田和数十万人民的心田。

"乌引"，是浙江水利史上一座功在千秋的水利丰碑，碑上铭刻着水利事业的代代传承。千年抗灾辛酸，衢州人从未向旱情妥协。新中国成立后，党和政府高度重视水利工程建设。乌溪江上建起新中国最早的一座"自行设计、自行建造、自行施工的"黄坛口水电站，被誉为"新中国水电摇篮"。"乌引"这项集农业、工业、生态、发电、旅游和人民生活用水于一体的工程，在当时成为新中国成立后浙江省最大的水利工程，一个"最"字刻在这座丰碑上，自豪感在衢州人心中油然而生。

"乌引"，更是一座凝聚万人付出的精神丰碑，碑上铭刻着那一代人的不屈脊梁。数十公里长的建设工地（图13-1）上，有着一种强大精神力量，这种精神力量让数万人在人力物力财力严重不足的情况下，风雨兼程战山河、双手凿开千层岩，在浙江大地留下了"自力更生、艰苦奋斗、团结协作、无私奉献"的"乌引精神"。

图 13-1　乌引工程建设工地

正如习近平总书记所说的："只要有愚公移山的志气、滴水穿石的毅力，脚踏实地，埋头苦干，积跬步以至千里，就一定能够把宏伟目标变为美好现实。"

衢州大约前前后后累计有数十万民工，修总干渠数百公里、支渠累计近千公里，金声玉振，它与红旗渠异曲同工，是浙西大地上红旗渠的旋律。岁月流逝，抚今思昔，衢州人应该记取当年水利建设的那一段历史，莫忘那个年代作出奉献的父兄辈，牢记"乌引精神"。不久前，"浙中城市群水资源配置工程"前期工作全面启动，在设计中，乌引工程担负着往金华市区、兰溪、义乌和永康等地供应优质用水的任务，"江南红旗渠"的故事将一代一代地传承下去……

二、铜山源精神

铜山源古称铜峰溪，有两源，西为双桥源，东为庙前溪，两源注入铜山源，向南经杜泽、白水、莲花、云溪、高家等乡镇，在章德埠头村注入衢江。铜山源全长 45.1 公里，流域面积 247.6 平方公里。站铜山源边山冈，顾视上游，群峰逶迤，山色如黛，溪洞密布，水资源丰富。但铜山源流经衢北的白水、莲花、云溪、高家及龙游塔石、模环等地，基本为红壤土，植被稀薄，涵养水源能力较低，洪旱灾害频繁。1964 年大旱，成灾面积 12 万亩，其中 2.6 万亩颗粒无收。1967 年大旱 104 天，粮食比上年减产 1.68 万吨。衢北和龙北的民众一直以来都非常盼望能建设一个大水库，来彻底解决饮水和灌溉问题，以摆脱贫穷落后的枷锁。

1958 年 10 月，在"大跃进"形势的推动下，铜山源水库首次动工。受"大跃进"和当时政治形势的影响，加上技术条件不成熟，工程质量不达标，水库建设工程于 1959 年 4 月停工。1959 年 12 月，水库修建工程经批准重新复工，但又遭遇"三年困难时期"，于 1960 年 7 月再次停工，这次停工时间长达 10 年。1970 年 1 月，工程第三次上马。虽然当时正处在"文化大革命"时期，但工程建设者们排除干扰，直至水库建成。其中，水库大坝于 1974 年 4 月完工；电站土建部分于 1974 年 12 月完工，1977 年 5 月第一台机组投入发电；1978 年干渠全线通水；正常泄洪洞于 1979 年完工；非常泄洪洞于 1992 年 11 月完工。

在这群山环绕的溪谷，衢县人民依靠自己的智慧，经历"大跃进""三年困难时期"和"文化大革命"三个特殊的历史时期，经过"三上两下"的曲折过程，终于用肩膀和汗水，谱写了一曲颂歌，铸就成省内外闻名的"铜山源精神"。

铜山源水库（图 13-2）的修建是由国家提供钢筋、水泥等建筑材料和少量资金，由人民群众施工建设。参加水库建设的有灌区群众、知识青年以及从衢县各单位、厂矿企业抽调的机关干部等，各行各业前后有 10 万余人支援水库建设。铜山源水库整个工程共开挖土石方 600 余万立方米。如果把这些土筑成高宽各 1 米的道路，可以从海南岛直达黑龙江。

图 13-2　铜山源水库建设旧照

（1958 年动工，1979 年建成）

　　在水库建设过程中涌现出不少先进人物，王彩莲就是其中之一。她是工地上著名的"塔石民工连妇女战斗队"队长，在她的带动下，妇女战斗队的全体女民工都在水库建设中发挥了"半边天"作用，她们有的成为施工员、卫生员、水文观测员，还有的甚至成为机电工、钢筋工等，每个女民工还都学会了推车技术，每人都能推上 500 多斤。"塔石民工连妇女战斗队"这个响当当的名字传遍了整个水库工地，她们在水库建设中一干就是 20 多个月，成为大家学习的榜样。此外，云溪公社民工连青年民工潘荣新，在大坝堵口截流大会战中，跳进激流打捞被冲走的建库钢材，牺牲了自己年轻的生命；杜泽民工连的徐建依在"八三"洪水中为抢救国家财产英勇献身。正是在这些先进人物的带领和激励下，才有了"自力更生、艰苦奋斗、群策群力、无私奉献"的铜山源精神。

第十四章
悠悠瀫水潮

第一节　诗　词　歌　赋

　　阅尽钱塘帆，最忆是衢江。作为钱塘江的上游，衢江自古是交通动脉，更是海上丝绸之路的延伸线。千百年来，文人墨客载酒扬帆，一路赋诗，留下了大量脍炙人口的诗篇，串联起钱塘江诗路的文化精华、诗画山水乃至全域发展。衢江上的每一朵浪花，都翻阅过历代诗人们的萍踪鸿影。

一、《岁暮枉衢州张使君书并诗，因以长句报之》

岁暮枉衢州张使君书并诗，因以长句报之

〔唐〕白居易

西州彼此意何如，官职蹉跎岁欲除。
浮石潭边停五马，望涛楼上得双鱼。
万言旧手才难敌，五字新题思有余。
贫薄诗家无好物，反投桃李报琼琚。

　　据《旧唐书》载，白居易父亲白季庚于贞元初曾任衢州别驾（相当于刺史助理）。白居易大约16岁侍父居衢。正因白居易少年时寓居衢城，他的诗文中有许多与衢州有关，其中《岁暮枉衢州张使君书并诗因以长句报之》大笔写衢江。

二、《秦中吟十首·轻肥》

秦中吟十首·轻肥

〔唐〕白居易

意气骄满路，鞍马光照尘。借问何为者，人称是内臣。

朱绂皆大夫，紫绶或将军。夸赴军中宴，走马去如云。

樽罍溢九酝，水陆罗八珍。果擘洞庭橘，脍切天池鳞。

食饱心自若，酒酣气益振。是岁江南旱，衢州人食人。

注释：末句反映衢州旱情惨状，说明了水利灌溉工程的重要性。

年少的白居易在衢州写下《秦中吟十首·轻肥》，《轻肥》为组诗《秦中吟十首》的第七首诗，诗题一作《江南旱》，"轻肥"二字取自《论语·雍也》中"乘肥马，衣轻裘"的意思。此诗着重暴露那些为皇帝所宠信的宦官，把宦官的骄奢淫逸和百姓的困难生活作了鲜明的对照，表现了强烈的现实主义精神和为国为民的可贵立场。结尾笔锋陡然一转，"是岁江南旱，衢州人食人"，戛然而止，两相对照，不言已彰。此句与诗圣杜甫的"朱门酒肉臭，路有冻死骨"并称。

三、《龙泉东下却寄孙员外》

龙泉东下却寄孙员外

〔唐〕罗隐

濲江东下几多程，每泊孤舟即有情。

山色已随游子远，水纹犹认主人清。

恩如海岳何时报，恨似烟花触处生。

百尺风帆两行泪，不堪回首望峥嵘。

注释：诗中反映了衢江对外水路交通情形。峥嵘：为州衙所在山名，非龙游一带的高山。此诗通篇情感横溢，极写爱恨，有逾常情者，非寻常处世之人可共语。

罗隐屡屡不第，只得行卷投书，浪迹天下。在失意的时日，他碰到了十分赏识其才华的衢州刺史孙玉汝，两人一见如故，结为莫逆之交。据洪迈《容斋随笔》，孙玉汝会昌四年（844年）进士及第，咸通十一年（870年）在衢州刺史任上。罗隐之衢，应在此时及之后。孙玉汝盛情招待罗隐，两人相见恨晚，诗人为之流连"数旬"。罗隐怀才不遇，坎坷一生，所以对赏识其才华的孙员外有一种特别的依恋之情。

四、《浮石亭》

唐代诗人孟郊曾游历三衢，并为浮石潭南岸浮石渡口矗立的浮石亭题写了一首五言律诗：

浮　石　亭

〔唐〕孟郊

曾是风雨力，崔巍漂来时。落星夜皎洁，近榜朝逶迤。

翠潋递明灭,清溙泻欹危。况逢蓬岛仙,会合良在兹。

注释:浮石亭:在衢州城北,衢江在此形成弧形弯道,江阔水深,有两块奇石,突兀水面,如两座浮在水面的航标,把湍急的江流一分为三。崔巍:形容山势高险。榜:划船工具,亦代指船。逶迤:指河流弯曲。潋:水波纹。递:顺着次序。溙:急流。欹危:倾斜欲坠的样子。蓬岛:传说中的蓬莱仙境。蓬岛仙不知指代何人。

孟郊衢州之行还作有《姑蔑行》《峥嵘岭》《烂柯石》等诗,其中"仙界一日内,人间千载穷"两句最为人们所传诵,生动刻画了王质当年观棋忘忧的精神境界。

五、《瀫江秋居作》

瀫 江 秋 居 作
[唐] 贯休

无事相关性自摅,庭前拾叶等闲书。
青山万里竟不足,好竹数竿自有余。
近看老经加澹泊,欲归少室复何如。
面前小沼清如镜,终养琴高赤鲤鱼。

注释:秋居衢江边,人水天然合一,悠闲自在生活的写照。

贯休作这首诗时已是唐末,衢州人口发展,经济繁荣。城边村舍庭院,青山绿竹,池明如镜,观鱼弹琴,是诗人生活,也透露社会祥和。

六、《衢州江上别李秀才》

衢州江上别李秀才
[五代] 韦庄

千山红树万山云,把酒相看日又曛。
一曲离歌两行泪,更知何地再逢君。

韦庄流落江南时,曾在瀫水边的农村度过一段相对宁静的隐居日子,与龙游石壁寺主持贯休交好来往。韦庄此诗揉进了高适的"千里黄云白日曛",王维的"劝君更尽一杯酒"的境界,在低回流连、凄清缠绵上,尤有特色。明代的诗评家周珽说韦庄此诗:"别情婉至,黯然魂消。又俱一气清空,全不着力,妙。"

七、《三衢道中》

三 衢 道 中

［宋］曾几

梅子黄时日日晴，小溪泛尽却山行。

绿阴不减来时路，添得黄鹂四五声。

注释：此诗描绘了船行衢州江上的悠然自得，是衢州景色的最佳描绘。

曾几是南渡名诗人，历任江西浙西提刑、礼部侍郎等职。此诗写于从临安返回经衢州途中。描写了归途与来时路上的不同对照，使景物特点显得十分鲜明，也暗示了在诗人往返期间季节已经发生了变化，即已从春末进入了夏初；同时，还极其细微地表现了诗人在归途中的喜悦情怀。全诗格调明快，清新自然，将一次平平常常的行程，写得简约隽永，情真意挚。此诗流传下来的不仅是千年前衢州的美景，而且也是对江南春末夏初风光景色的概括，其中深含哲学中的典型性与普遍性道理。

八、《次韵衢守陈守言职方招游烂柯山》

次韵衢守陈守言职方招游烂柯山

［宋］赵抃

贤侯九日去寻山，牵俗无由得附攀。

换世昔传仙局久，登高今喜使车还。

平原丰稔农欢劝，犴狱空虚吏放闲。

从此烂柯光价起，为留佳句落人寰。

赵抃擅豪翰，笔迹劲丽。其诗风从初期的"清新律切"向中、晚期的"粗犷豪迈"演化，体现出以欧阳修为代表的"宋调"诗歌的风貌。

九、《寄平甫弟衢州道中》

王安石世人又称王荆公。江西抚州临川人，中国历史上杰出的政治家和改革家，唐宋八大家之一。考《王荆公年谱考略》可知，早岁的王安石曾到衢州江山仙居寺游学。《王文公文集》有诗《僧德殊家水帘求予咏》。王安石对衢州素有好感，笑自己"空知梦为鱼，逆上西安水"；说这里"浅溪受日光炯碎，野林参天阴翳长"。

这一年年初，他卸任鄞县县令之后，回了一趟老家江西临川，不久北返，

其间路经衢州。他写了一首诗寄给字平甫的弟弟王安国：

寄平甫弟衢州道中

［宋］王安石

> 浅溪受日光炯碎，野林参天阴翳长。
> 幽鸟不见但闻语，小梅欲空犹有香。
> 长年无可自娱戏，远游虽好更悲伤。
> 安得东风一吹汝，手把诗书来我旁。

注释：炯：明亮。翳：原指用羽毛做的华盖，后引申为起障蔽作用的东西，如树冠。

诗首联、颔联写衢州路途景色，颈联、尾联写兄弟思念，溢于言表，全诗述说他对衢州的印象和兄弟思念之情。

十、《一剪梅·宿龙游朱氏楼》

一剪梅·宿龙游朱氏楼

［宋］蒋捷

> 小巧楼台眼界宽。朝卷帘看，暮卷帘看。
> 故乡一望一心酸。云又迷漫，水又迷漫。
> 天不教人客梦安。昨夜春寒，今夜春寒。
> 梨花月底两眉攒。敲遍阑干，拍遍阑干。

宋末四大词人之一的蒋捷（其余三位为周密、王沂孙、张炎）曾流落衢州，寄宿在龙游一户朱姓人家。风寒衾薄，愁长苦多。这天，蒋捷卷帘推窗，遥望北国，可故乡迢递，遮断了游子东望眼。离开家乡很久了，词人不免思绪万千，感慨万千。

十一、《访毛平仲问疾，与其子适同游烂柯山观王质烂柯遗迹》

宋代诗人中，陆游一生不止一次来到衢州观光，龙游、江山、常山和烂柯山等都曾留下他的足迹。这位爱国诗人，一生铁马冰河入梦，念念不忘收复中原，但终不得志。淳熙六年（1179年），朝廷召他进京，半路又要他暂勿北上，于是滞衢。以文会友。他与毛开交情深厚，特意去烂柯山拜访。当时毛开正生着病，于是让儿子毛适陪同。为此写下：

访毛平仲问疾，与其子适同游烂柯山观王质烂柯遗迹

〔宋〕陆游

篮舆访客过仙村，千载空余一局存。

曳杖不妨呼小友，还家便恐见来孙。

林峦巉绝秋风瘦，楼堞参差暮气昏。

酒美鱼肥吾事毕，一庵那得住云根。

诗中写下"篮舆访客过仙村，千载空余一局存"的感叹，寄托了诗人对人世变化沧桑，仙村已过千载，空余围棋残局的感叹。诗末两句则表现了诗人观仙景后不由自主地萌发了一种出世的情怀。宋嘉定元年（1208年），陆游友人徐载叔寓居烂柯山，建城南书院。陆游最后一次来到衢州，为挚友写下《桥南书院记》，盛赞徐载叔创办书院的功绩，可惜失载。陆游留下的这些宝贵诗文，为三衢大地的锦绣河山增添了一丝瑰丽的人文气息。

十二、《苏木滩》

苏　木　滩

〔宋〕杨万里

滩雪清溅眸，滩雷怒醒耳。

落洪翠壁立，跳波碧山起。

船进若战胜，船退亦游戏。

若非篙师苦，进退皆可喜。

忽逢下滩舟，掀舞快云驶。

何曾费一棹，才瞬已数里。

会有上滩时，得意君勿恃。

此诗入选《宋诗别裁集》。苏木滩疑即《水经注》之"苏姥布"，在衢江浮石潭附近。相传朱元璋自江西凯旋，驻滩一宿，又转称为帝王滩了。全诗明白如话，寓有哲理。

十三、《下鸡鸣山诸滩，望柯山不见》

下鸡鸣山诸滩，望柯山不见

〔宋〕杨万里

地近莲花江渐深，一滩一过快人心。

贪看下水船如箭，失却柯山无处寻。

莫怯诸滩水怒号，下滩不似上滩劳。
长年三老无多巧，稳送惊湍只一篙。

却忆归舟是去年，上滩浑似上青天。
诸滩知我怀余怨，急送秋风下水船。

十四、《浮石即事》

浮 石 即 事
［清］陈鹏年

江郭春残雨乍晴，恰乘微雨看春耕。
孤村响送樵风暖，十里青浓麦浪平。
到处穷檐闻疾苦，隔年傲吏减逢迎。
香山遗迹停轩处，揽辔真惭瀫水清。

注释：浮石：在柯城区西北，现临江建有浮石亭。傲吏：不为礼法所屈的官吏。唐孟浩然《梅道士水亭》："傲吏非凡吏，名流即道流。"香山遗迹：香山，指唐代诗人白居易。此处作者将"张使君"，即唐代衢州郡守张苇的"五马"停留浮石潭边误认为是白居易的遗迹。"五马"是太守的代称。逢迎：指下级官僚的迎接、接待。揽辔：挽住马缰。

陈鹏年（1663—1723），字北溟，又字沧州，历官浙江衢州西安知县、江南山阳知县、江宁知府、苏州知府、河道总督，多善政、以清廉著称。有《道荣堂文集》《喝月词》《历仕政略》《河工条约》等，曾修衢州《西安县志》。

十五、《瀫江棹歌》

瀫 江 棹 歌
［清］叶如圭

定阳溪上冰冻消，浮石潭边春涨遥。只向桃花深处去，一生不见浙江潮。
打棹声中梦乍醒，小舟随意岸边停。盈川渡口烟波绿，盈川埠头杨柳青。
郎处江山苦竹里，侬住江山菱角塘。今日江山船里遇，同年恰好是同乡。
注释：瀫江：衢江之古名。定阳溪：常山江之古名。盈川渡：嘉庆《西安县志》："盈川渡，县东五十里。"宋杨万里有诗。侬：方言，你的意思。江山船：亦称"江山九姓船"。明清时期信安湖上常见的载客运输船。一说别称"茭白船"，明清时钱塘江上游妓船的一种。同年：原指古时科举时代同榜录取的人互称同年。此指衢州一带的江山船称船家为"同年"。

叶如圭（1843—　），字荣甫，号梧生，一号蓉浦。衢州柯城仁德坊人。著有《存素堂集》《瘦灯吟屋诗稿》《古艳诗存》《洪都吟草》等。

第二节　散文小说

一、地理散文

《瀫水》为《水经注》中的一篇，是对瀫水描写的最早记载。衢江浩浩荡荡，水势苍茫，又江清水碧，波柔水秀，因水波纹如绡如縠，古人称之"若天孙之锦云"，将它比作织女所织的锦帛。唐代以后，古人争相去往衢州，诗以歌之，描写衢江。

瀫　水

[北魏] 郦道元

……浙江又东北流至钱唐县，瀫水入焉。水源西出太末县，县是越之西鄙，姑蔑之地也。秦以为县。王莽之理也。吴宝鼎中，分会稽立，隶东阳郡。

瀫水东迳独松故冢下……瀫水又东定阳溪水注之，水上承信安县之苏姥布。县，本新安县，晋武帝太康三年，改曰信安。水悬百余丈，濑势飞注，状如瀑布。濑边有石如床，床上有石牒，长三尽许，有似杂采帖也。《东阳记》云：信安县有悬室坂，晋中朝时，有民王质，伐木至石室中，见童子四人，弹琴而歌。质因留，倚柯听之。童子以一物如枣核与质，质含之便不复饥。俄顷，童子曰：其归。承声而去，斧柯漼然烂尽。既归，质去家已数十年，亲情凋落，无复向时比矣。其水分纳众流，混波东逝，迳定阳县。夹岸缘溪，悉生支竹，及芳枳、木连，杂以霜菊、金橙，白沙细石，状如凝雪，石溜湍波，浮响无辍，山水之趣，尤深人情。县，汉献帝分信安立，溪亦取名焉。溪水又东，迳长山县北，北对高山。山下水际，是赤松羽化之处也。……

（辑自《水经注》）

縠　水　考

《汉书·地理志》载："太末縠水，东北之钱唐人江。"是为正字也。至郦道元《水经注》始作"穀水",《元和郡县志》始作"瀫",自是沿讹,以迄于今。王先谦《汉书补注》谓"穀、瀫皆穀之变字,说者遂以为水纹为瀫,谬也。"说之精审。今依《汉书》,悉正作"穀"(民国《龙游县志》中"穀"已简化为"谷"。)

(辑自1991年版《龙游县志·丛录　杂记》)

山川流水是独立于人们意识之外的自然界组成部分,只有在它为人感知后,才会产生丰富多彩、无穷无尽的美感,使人快意倾倒,欣喜若狂。衢州山美水秀,瀫溪苍茫,蛮眜坡荒,水流湍急,山石错落,"水悬百余丈,濑势飞注,状如瀑布"。在浩荡而东的瀫水不远处,"夹岸缘溪,悉生支竹,及芳积、木连,杂以霜菊、金橙。白沙细石状如凝雪"。那逶迤的两岸,是翠丛绿意,杂树竹林,又有成片柑橘,星星点点,金色橙黄,恰似一幅溪山秋景长轴。这是1500多年前的衢州,山环水绕的江南。

二、游记杂记

(一)《衢州游记》——徐霞客

徐霞客(1586—1641),名弘祖,号霞客,江苏江阴人,是我国著名的地理学家、旅行家。他出身官僚地主家庭,幼年好学,博览史籍及图经地志,以"问奇于名山大川"为志。从22岁起,30余年间,徐霞客东涉闽海,西登华山,北到燕晋,南抵云贵两广。他把观察所得按日记载,至今仍遗有60余万字游记资料。《徐霞客游记》是优美的游记文学作品,其中就记录了徐霞客先后四次经过衢州,留下了不少关于明代衢州山水胜景和社会风貌的相关记载。

徐霞客第四次经过衢州,坐船经过衢州浮桥西行人常山溪口,看见两岸橘林秋景,不禁写道"两岸橘绿枫丹,令人应接不暇"。当时正是橘子成熟的季节,徐霞客看到一棵棵橘树上红红的橘子挂满枝头,一筐筐橘子装得满满的,宽阔的衢江江面上,船只一条条沿江而下,见证了三百多年前衢州橘子丰收的盛景。

衢　州　游　记

(崇祯丙子十月)十四日:

天明,诸附舟者以舟行迟滞,俱索舟价登陆去。舟轻且宽,虽迟,不以为恨也。早雾既收,远山四阔,但风稍转逆,不能驱帆上迤耳。四十五里,安仁。又十里,泊于杨村。是日共行五十五里,追及先行舟同泊,始知迟者不独此舟也。江清月皎,水天一空,觉此时万虑俱净,一身与村树人烟俱熔,彻成水晶一块,直是肤里无间,渣滓不留,满前皆飞跃也。

十五日,昧爽,连上两滩,援师既撤,货舟涌下,而沙港涩溢,上下推挤,前苦舟少，兹苦舟多，行路之难如此！十里，过樟树潭，至鸡鸣山，轻帆溯流，十五里。至衢州，将及午矣。过浮桥，又南三里，遂西入常山溪口，风正帆悬，又二里，过花椒山，两岸桔绿枫丹，令人应接不暇。又十里，转而北行，又五里，为黄（航）埠街，桔奴千树，筐筥满家，市桔之舟，鳞次河下。余甫登买桔舟，贪风利，复挂帆而西。五里，日没，乘月十里，泊于沟溪滩之上。（其西为常山界）

（选自《徐霞客游记》）

本篇记述了徐霞客乘舟游衢州的经历见闻，反映了自龙游至今柯城，又至常山的山水风景和水道情形。

（二）《匡庐游录》——黄宗羲

黄宗羲是明清之际著名的思想家、史学家。清顺治十七年（1660 年）八月十一日，50 岁的黄宗羲溯水行舟，作庐山之游，途经衢州。他在《匡庐游录》中写道：

"戊申，次龙游县。己酉，过安仁渡，杨万里有诗。彭湖，相传彭氏所居，灶下忽生石笋，削之，遂陷为湖。鸡鸣山，浮石滩，溪中有石，高丈余，水涨不没，白乐天诗：'浮石潭边停五马'。晚泊衢州府。庚戌，次黄埠。居民种桔为业，墙头篱下，惜不遇之于霜后也。"

此游记，既有对衢州风物的描绘，又有对古人吟咏衢州形胜的追述。

（三）《骖鸾录》——范成大笔下的金衢砖路

江苏苏州人范成大（1126—1193），进士出身，官至参知政事（副宰相）。他是南宋时期著名的诗人，也是一位很有名气的旅游家和散文家。1173 年，范成大出任广西地区最高行政长官（广南西路经略安抚使），从老家苏州出发，一路写他的《骖鸾录》。农历正月十二日，范成大进入衢州境内。他写道：衢州此时正值冬季，天气虽冷，所幸道路却很平坦。原来从金华开始到衢州，一路上都是砖道。一打听，原来是当时金华和衢州有两家富商结亲，为方便来往，就共同出资修筑了这样一条砖路。这条重要史料，未见地方交通文献记载，两地路途遥远，相距有 100 公里，这 10 万米的路程说修就修，也可见南宋衢州民间的富庶程度。

骖　鸾　录

癸巳岁正月

十二日，早饭舍利寺，宿龙游县龙丘驿。未至，有长桥，工料严饰他处所未见，前令陶定所作。自登陆来，所至，山有残雪，村落无处无梅，客行匆匆，自无缘领署，可叹也。

十三日，至衢州。自婺至衢，皆砖街，无复泥涂之忧。异时，两州各有一富人作姻家，欲便往来，共甃此路。

（选自《骖鸾录》）

（四）《乞将衢州义仓米粜济状》——朱熹

朱熹，字元晦，号晦庵，中国南宋时期理学家、思想家、哲学家、教育家、诗人。曾任江西南康、福建漳州知府、浙东巡抚等职。他为官贞正廉明、清勤俭慎，为老百姓办了不少好事、实事。

淳熙八年（1181年），衢州连年遭受水旱灾害，民不聊生。淳熙九年（1182年）正月，朱熹"单车屏徒从"，前往绍兴府所属诸县、婺州、衢州等地巡视。绍兴府官员密克勤盗赈济的官米4160石，还用泥沙谷糠补缺，被朱熹逮个正着。朱熹连上《奏衢州守臣李峄不留意荒政状》《奏张大声孙孜检放旱不实状》等奏章，上报朝廷，伸张正义，为民请命，赈济灾民。同时又弹劾了隐瞒灾情，谎报政绩，横征赋税的衢州守宦李峄和江山县令王执中等人。

朱熹撰《乞将衢州义仓米粜济状》，向朝廷申请以衢州义仓米平粜，赈济灾民。朱熹对密克勤、李峄、张大声、孙孜等不法官员的奏劾，保证了荒政在浙东地区的顺利推行。后来，朱熹又到处州缙云县界巡视灾情，并从缙云来到江山县，见知县王执中荒于职守，置本县饥民于不顾，于是上奏弹劾，请求朝廷罢黜其职。

乞将衢州义仓米粜济状

照对衢州管下属县，去岁旱伤，细民阙食。本州申朝廷，乞从条于有管常平义仓米，取拨五万石出粜。

去年十二月十六日札下，本司照条施行。今据本州申，淳熙七年旱伤，检放苗米四千馀石，遂取拨义仓米及劝谕上户出助，并措置和籴，计五十馀万石，赈济赈粜，幸无流徙。后为去年秋旱，放苗米九千馀石，比之七年，一倍以上；兼以邻郡严、婺、徽、饶，类皆旱歉，本州地居其中，大略相似。以此愈见艰得米穀，细民阙食。虽已劝谕，及申尚书省，乞先拨义仓米五万石，仍一面开场，每升量减作二十文足。赈粜去后，但缘连遭荒旱，民情嗷嗷，艰得钱物，深山穷谷，僻远小民，委是无钱籴米。乞行下于所申取拨义仓米五万石内，支拨二万石，应副赈济，免有流移饿殍之患。

熹寻躬亲巡历，到衢州点检，见得本州逐县，委是灾伤。多有饥民饿损羸困阙食，合行救助、赈济。及检准条令，义仓米，专充赈给，不得他用，自合拨充赈济。意除已逐急一面下本州于申请取拨出粜常平义仓米五万石数内，取拨一万石，委官措置收拾赈济，其余四万石仍旧出粜外，欲望朝廷特赐札下衢州施行。已具申尚节省，乞指挥施行。

（辑自《朱文公文集》）

（五）《开复杨公河记》——王玑

衢州不同朝代留下的水系记载，告诉后人：衢城之城濠、内河，犹如人身之经络，历史上，每当这一水系融会贯通，衢州则物阜民安，贤才辈出，而每当淤塞凝滞，则盛不复往时。而奠定这一水系之故道者，该是古代通阴阳交汇之贤者，懂得把东西两溪、内河外濠、南北水流融会于一体，集地运与文运于盛德之大业。

说起阴阳交会，衢城乃是三股水系、东西两支溪流的交汇处。发源于皖南的常山港与发源于仙霞岭北麓的江山港在此汇合为衢江流过城西；而发源于福建浦城县的乌溪江，自括苍山，迤逦八百里，成为东溪。东溪经烂柯山下分流，部分经石室堰入护城河，回绕城东、南、北三面构成城池，周旋萦绕北出，与西溪（即衢江）汇合。明嘉靖进士、西安人王玑撰《开复杨公河记》对此描述"吾衢当浙上游……此衢郡内外之水合流之故道也。"

这篇碑记点到了城内儒学、郡学、县学等文教场所，一水以贯之。把水系看作与文运攸关，儒学所依，应是衢州古人的匠心独运。他们把迎石室水至城南的入口命名为"魁星闸"，就是这一表达。魁星在古代主宰文运，在儒士学子心目中，具有至高无上的地位。《衢县志》卷三记载这一命名来由："开禧中，郡守孙昭先谓此闸蓄水有关文运，适毛自知进士及第，公曰：'此闸之功也'，遂改闸名曰魁星。"

开 复 杨 公 河 记

吾衢当浙上游，号多佳山水，与闽、婺、括苍相望，山水之间，龟峰特起，而郡治据其冈，儒学依焉。南迎石室之水，其水发源括苍，经流至烂柯山下，昔贤堰其水入沟曰石室堰，分道灌注民田。至城南，逾魁星闸入濠，回绕城东南北为池，与西溪之水，四面交抱，共成城郭、沟池之固。溪纳江、常、开诸邑之水，北汇于浮石为潭，此衢水道之在郊外者。然也濠水南来，由水门入城凡二道：一自西南入，折而东过华丰、仙履诸桥；一入通仙门，右绕郡学与乌桥之水合。而东入治垣，北绕龟峰之麓，折而东南出，经宝坊刹北折过菱湖。北由水门出，亦二道：一由云山阁北，一绕县学西北，出与北濠之水汇溢而逾定水闸以灌注北郊民田，末流入石鼓潭，抵鸡鸣山，与石室堰水合而东下，以入于海。此衢郡内外之水合流之故道也。于时民物阜安，贤才辈出，岂非山水降神钟美，不偶然与？

历岁既久，东北之水道日就淤塞，西面虽存，仅足潴水，而民物贤才亦不复往时之盛。弘治间，常有疏浚者，罔知寻东北故道，乃凿新桥渠，直达于定水，至今识者为憾。

嘉靖己未六月，安吾杨公以司徒郎中出守于兹，兴治补弊，百废俱修。明白庚神而政成，当道交疏其最于朝，欲大用公。公历精治理愈笃，不以官成少怠。尝于郡治前建上游名那坊以壮一府之具瞻矣。兹达观郡中，乃曰，古司空辨土之物生，其在山林、川泽、丘陵、坟衍、原湿之民各以地异，则山水之关于民物贤才信有所自。东北无河流以为之津润，而西渠之水复直达以去，岂度地居民阴阳交会之意耶？于是以己精意独见，肇举疏凿。始自新桥渠浚入龟峰之麓，自北徂东，复折而北，举数百年之淤塞，一旦开通，而与衢之故道不谋暗合，向之榷木坝桩种种露见，其经费取诸轻罪之赎，无所敛于民财；其工役倚于雇募之佣，无所烦于民力；其甃砌拾之琢凿之余，无所借于民物。其旦夕襄公于相视之行则少府文台薛公、别驾云田张公、节推钟山任公；其奉行于下，乐赞厥成，则西安尹俞君大有也。自八月经始至十月竣事。为渠者数百丈，为桥者若干所，父老子弟莫不扶携往观，自幸复睹数百年之故迹，而民物阜安，贤才挺出之望且断断焉。郡学之多师多士则以学之。西向既从新改，外溪碓之当其前者，甫田于公，为之罢去，而新渠之水复自前而绕出于后，则是举也利于民者固博，其益于学也尤切，公之功不少也。相率请予言以贻不朽。夫公躬节检所纷华，而舍人皆布衣蔬食，常绿之外，一介无有所取。冰蘖之操，固以浚其源矣。诸有于民，不惮勤劳，务为兴颒，且剖析如流，五邑之赴诉者，皆相让而。政又导其流也，其盛德大业固不止于浚渠一节。然蜀之凿离堆，魏之引漳水溉邺，惟供常职以灌田利农，犹得于河渠，至今称之不已；公之浚疏，博之有利于民，切之有关于学，其过冰、豹之功远矣。河渠书将不有公之名也哉！

公讳准，字汝度，别号安吾，常之阳羡人也，癸丑进士。

（辑自嘉靖《衢州府志》）

（六）《筑堰》

五邑水田，全资溪水，溪水不能自行灌溉，全资筑堰。堰自春末夏初骤涨，山溪溪流溯湃，旧堰积石扫刷一空，乘水息后复行增筑，用力为难，在乡之堰，官立堰长。堰长自有其田，不得不爱己田以及人之田，故其修筑不烦官司之筹划，惟石室堰逼通近郡城，特烦邑令委佐贰督之而总其事，于郡司马，斯事本甚微细。而所注田十万余亩，民命攸关，谓宜视为郡邑中一大政事，未可云君其问诸水滨也。间尝熟访之，堰上得其利弊，凡有七。

其一，保举堰长之弊。往年更换堰长，三院详允立碑，必于冬月金定殷实大户，每以在城民家田多者当之，彼自雇其田，督工必竭，其力迤缘，堰上之费，不赀委官一到，筵席铺张，吏胥民皂，俱索常例，甚至送官台盏折席多金，堰长既劳其身，复殚其货，苦极莫堪，于是金定之时，千方规避，不得已乃令总甲小甲自行保举，此辈钻谋衙票，放富保贫，堰长不得其人而堰事坏矣，此第一弊也。

其二堰夫钱少之弊。查得堰坝横直原址九十七弓，今被水冲阔计三百四十七弓，比原址之工三倍，旧制照田编夫共三百名，后以在市人夫往返不便，每亩编银三厘二毫，积得一百一十八两，于近堰处募集官夫七十二名，内总甲一名，小甲四名，锣夫一名。每名工食银一两四钱有奇，此银不经查盘承催，差役作奸，大户拖欠递年，预令堰长代银及折猪酒银散给小甲，堰夫每名才得银五钱，堰夫坐是掉臂不前，此第二弊也。

原设三大官船运石砌堰，完日将船付小甲李良八等撑驾，岁纳官银六钱，发给修理，三年一小修，五年一大造，法久废弛，小甲竟行拆毁，不行报官修造。待兴工时，堰长代银雇船运石，船户恐拖石坏船，每出银乞免，小甲得银放船，堰夫拾石于畚，以肩挑之，计百畚不当一船之运，堰之难筑则惟乏船之故。此第三弊也。

堰坝筑完必需篾簟塞其罅漏，水始满盈，原编定承堰水碓户五十二名，内有双轮，共计七十二簟，递年小甲包折匿己，止交三分之一，故堰石砌叠逗漏恒多，此第四弊也。

堰水初入沟，名曰三涧滩，此系咽喉之地，近旁有一山嘴突出，拦截水势，激喷怒号，一番大水，必致沙石雍塞，初时官制铁铲八把，乘冬月水涸，委官开濬，又山嘴近渐增长，亦须用石匠凿开，乃今铁铲止存其三，久已不行开沟，沙石堆积水何以行，此第五弊也。

三涧滩分七大沟，七大沟又分七十二小沟，各沟另保沟长带集承水佃户，当农隙时连路开濬，水得流通。今众图安逸求脱，沟长临时望水注田，譬渴而掘井，其有济乎，此第六弊也。

石室堰水发源处州五百余里，商贩木簰蔽江而下，春暮筑堰之时，不放木簰，但于堰中留一小口，以杀水势，可容小簰往来，近日堰长嗜利，大开堰口，纵放木簰，公行抽税，堰口既阔，当用水时急塞堰口，咄嗟难办，水泽不到，何以插秧，此第七弊也。

欲除七弊，惟用良善堰长，为急欲用堰长，必严禁常例诸弊孔，弊孔既塞，人乐为堰长矣。其次将堰夫工食置一印簿，簿列有田人户，户该纳银若干，催银到官，毋落库吏之手，急呼堰夫七十二名，面给之，每名给银一两四钱，堰夫乐为效用矣。仍复添造官船以运石，催取碓户簟席以塞水，打造铁铲以开沟，而严杜放簰抽税之窟。七弊尽除而堰水通行矣。

（辑自天启《衢州府志·卷之十六》）

注释：反映了石室堰的修筑与管理。

（七）《宋宣和夏希贤灵惠庙祷雨记》

太末郡城北，其乡曰玉泉，有项山焉。盖因楚霸王之祠而得名也。王起吴中会稽，与太末相距五百里，宜其人之所，眷故土人尸祝而庙享之，因以名其山李唐贺兰公为守，祷辄雨，志于石。则王之灵显旧矣。丁未夏五魃，煽虐焰弥数旬，弗戢土若坼龟，稼且缩蝺，百姓凛凛祈祟，社稷群守，帅僚佐胥吏，者宿日露跣，遍群神祷勤而应邈。推官张公名正文，独恻然曰，余佐理斯郡，民靡孑遗，咎将谁执，乃单骑潜造项山祠祷焉。山去郡城四十里，祠宇去山麓半舍。侯触烦署披蒙茸，缘崖磴而上，颡伏祠下，衷诚赴愬，无轿举辞少焉，如闻暗鸣，叱咤肤寸合而甘霖沛，民赖以苏。明日侯入城府，旗帜歌鼓喧咽，闾巷人举手加额，孰不曰神之灵及有祠。至今千余载，犹一日侯之后，贺兰五百余载而复一见。甚哉，侯之善祷也。余曰不然，妇冤而旱历载，狱决而雨随车。张侯为太末理以冰蘗，自将无横政无滞讼。平反有录，旦暮之间，俯仰之际，不愧不怍侯之祷久矣。岂一旦拜跪之，擎跽牲币之丰，腆辞语之谆，复所能祷而致哉。天降时雨，山川出云，必清明在躬，志气如神而后有开，必先鬼神之德，弗见弗闻，必齐明盛服，以承祭祀而洋洋，如在其上，如在其左右。曰时、曰雨、曰山川、曰鬼神，果心外物哉。侯持此心以往，他日坐庙堂之上，霖雨六合，泽被生民，皆分内事，岂但福一郡而已耶。邦人德侯之赐不远，数百里来请。余志其事于是乎书。

（辑自嘉靖《衢州府志》）

　　注释：记述古代祈雨的背景、经过和议论。

（八）《修筑石坑坝记》——费双元

　　石室堰沟水迤逦，至石坑口有坝拦之，下留三漈洞泄水，以济太平白沙等堰之田。所谓大堰水也，惟是坝，值顶冲又屹立无辅，屡遭摧圮。嘉庆七八两年冲刷弥甚，几与三漈洞相平，灌溉之利缺焉。十一年春，石室堰董事等经营相度，谓水可顺不可矶，坝宜宽不宜陡，爰于两旁增筑坦坡以柔水势而护堤根，其上，则采阔长山石镶砌之，俾安固不摇，由是水小则从漈洞宣泄，水大则浸堤而过，坝不与水争而水亦不为坝患，耕氓始获安堵矣。其三漈洞仍按昔年尺寸修葺，中漈距上漈计裁尺壹丈贰尺，距下漈贰丈肆尺，中漈除盖石计空洞直下伍寸横广捌寸，上漈空洞直伍寸横柒寸，下深空洞直陆寸横壹尺肆寸，深底平内石槽二，系旧定分寸不可擅易也（按此文似有删节）。

（辑自嘉庆《西安县志》）

第三节　神话传说

　　衢州民间有很多神话、民间歌谣、故事传说。因为衢州多水，所以故事中很多内容与水有直接或间接关联。1989 年，市、县曾组织 1000 多人的采风队伍，逐村逐乡开展普查整理，采访了 8000 余人，共采录到民间故事 4954 篇 590 万字、歌谣 2954 篇、谚语 18587 条，涉及社会历史、人文习俗和地理山川等多个方面。这些流传千百年的"古话""故事"，或是在稻谷场边，或是在小巷井旁，或是银汉灿烂的夏夜，或是天朗气清的秋日，通过口耳相传，影响了一代一代衢地之民。同样，我们也能从衢州的神话和故事传说中，窥探衢州久远历史的文化根须。

一、衢州三怪

"衢州三怪"，即钟楼独角怪（图 14 - 1）、蛟池塘鸭怪（图 14 - 2）、县学塘白布怪（图 14 - 3）。它们的故事，在衢州一带可以说是妇孺皆知。城乡版本虽各不相同，但也是大同小异，常常是人们茶余饭后的谈资。

图 14 - 1　钟楼独角怪　　图 14 - 2　蛟池塘鸭怪　　图 14 - 3　县学塘白布怪

清代文学家蒲松龄《聊斋志异》第十一卷中的记载，更使它们声名远播。现录全文如下：

张握仲从戎衢州，言："衢州夜静时，人莫敢独行。钟楼上有鬼，头上一角，象貌狞恶，闻人行声即下。人骇而奔，鬼亦遂去。然见之辄病，且多死者。又城中一塘，夜出白布一匹，如匹练横地。过者拾之，即卷入水。又有鸭鬼，夜既静，塘边并寂无一物，若闻鸭声，人即病。"

大意是说：有个叫张握仲的武官在衢州任职，他述说了三怪故事。在衢州，夜深人静的时候，没有谁敢独自行走。城北钟楼上有一个头上长角的鬼，面貌狞狰。听到行人的脚步声，鬼就会从钟楼上下来。如果行人飞快地逃跑，这鬼也会自己离开。但是一旦看见了这个鬼，往往就会得病，而且死亡率很高。城西县学塘，到了夜晚就会出现一匹白布，老长老长地横放在地上。遇到贪小便宜的过路人去拾，白布就会将他卷入水中淹死。城南蛟池塘有鸭鬼，夜晚静悄悄的时候，塘边上寂静得没有一个活物。如果有人听到鸭叫声，就会得病。

大头鬼，即独角怪，是第一个妖怪。传说中，大头鬼原本是天上魁星的一支朱砂笔，因为神仙使用时不慎将其跌落凡间。它居住在衢州的钟楼里。白天躲藏在钟楼内，晚上则出外活动。这个鬼的头部很大，长相凶恶，远看仿佛头上长角。大头鬼常常在晚上追赶单独行走的行人，直到追到人筋疲力尽为止。据说，如果有人看到大头鬼追人，那么这个人不久就会生病并死亡。

白布怪是第二个妖怪，它出现在县学池塘中。据传，这白布怪是观音菩萨的白丝腰带所化，因风太大被吹到此地，落入县学池塘。白天时，白布怪潜藏在池塘底部，到了晚上则会化作一匹白帘，横在路中间或浮于水面，吸收月亮的精华。行人看到这美丽的白布，总会贪婪地伸手去捞，或用棒子去拨弄。当人们试图接触白布怪时，它便会腾空而起，将人卷入池塘中，使人活活淹死。

　　鸭怪是第三个妖怪，它出现在蛟池塘。传说中的蛟池塘是一个宁静而美丽的湖泊，是当地人放养家禽的地方，鸭鹅成群，热闹非凡。王母娘娘的瑶池中有一只老鸭精，有一天得道下凡，来到了蛟池塘。从那以后，衢州人家里的鸭子便逐日减少。夜深人静时，蛟池塘一带会发出可怕的叫声，如同鸭怪的哀嚎，令人毛骨悚然。附近居民听到这种声音都会被吓得生病，很多人久病不起，过后便会死去。鸭怪的威胁愈发严重，整个村子陷入了一片恐慌。这时，一个云游四方的道士听闻此事，他深入调查后发现鸭怪的弱点，并成功用符咒制服了鸭怪，将其封印在一块灵石之中。自此以后，蛟池塘恢复了往日的宁静。当地居民众为对道士表示感激。他们将那块封印鸭怪的灵石供奉在村子的庙宇中。村里每年都会举行一场盛大的庙会，庆祝村子的安宁和繁荣。

　　在现实世界是不可能有这样的三怪，蒲松龄写下这个故事有他深刻的寓意。《聊斋志异》正是通过谈狐说鬼的手法，对当时社会的腐败、黑暗进行有力的批判，在一定程度上揭露了社会矛盾，表达了人民的愿望。这些传说虽然荒诞奇特，但也为衢州这座古城增添了一种神秘和离奇的色彩。

　　在衢州三怪中，有两怪与水相关，即县学塘（图 14-4）和蛟池塘（图 14-5）的两怪。旧址现在仍存。

图 14-4　县学塘

图 14-5　蛟池塘

二、名樟树潭

　　相传元朝末年，朱元璋渡过浮石潭后，一路向东沿江而逃，不想路上又碰上元军，他骑马钻进了江边一片樟树林。这片樟树林大树参天，枝繁叶茂。每棵树怕都有几百年了，最大的要十多个人才能合抱的过来，树林里散发着淡淡的樟树香，让人精神感到一阵清爽。此时已是下午，朱元璋才感觉到肚子早已"咕咕"叫个不停，马也不停地喘着粗气，停下来大口地啃吃着树下的野草。追兵在后，这里并不是休息的地方。朱元璋打量着这片树林，寻找着脱身的办法。忽然，他发现不远处的一棵大樟树约一人高处有一个能钻进一个人的大树洞，于是他下了马，一拍马屁股，让它独自跑走，自己翻身上树，钻进洞内蹲下躲了起来。

"嗯嘞、嗯嘞"，元兵的脚步越来越清晰。"呀"只听领头的一位军官说："这小子逃得真快，一下子就没影了。这地方有点邪乎，说不定就藏在附近，大家给我好好地搜。"元兵们分散在树林里搜了起来。一位士兵发现了这个樟树洞，便提着刀走了过来。朱元璋屏住呼吸，心跳却越来越快。元兵挥刀在洞口处乱捅，不料惊动了树上的一窝马蜂，马蜂"哄"地向那士兵飞来，士兵吓得屁滚尿流地逃开了。元将叫道："没用的东西，那小子怎么会躲在马蜂窝里？算了算了，说不定他跑远了，我们还是上马往前追追看。"等元兵跑远了，朱元璋才从树洞里钻出来，化装成老百姓，离开那里。

后来，朱元璋当上了皇帝，还想起早年救过他一命的那棵樟树，便传旨加封那棵树为"樟树王"。钦差到了这片树林，却发现那棵樟树已被人挖掉，只留下一个巨大的树坑。于是就把这里称为了"樟树潭"。

关于樟树潭，还有另一版本古老的传说。相传在元朝末期，朱元璋率兵打了败仗，被追兵追到了浮石街道溪滩村，与樟树潭隔江相望，眼见一条大江挡住了去路，而追兵已近，正在这危急时刻，突然发现溪滩上有一棵硕大无比的大樟树枝条，犹如一条跨江独木桥，直伸到江的对岸，朱元璋顿时大喜，急忙带兵从樟树枝干上过江。说也奇怪，当朱元璋带着逃兵通过之后，那棵樟树立即直立如初，使元兵无法继续追击。后来朱元璋当上皇帝，感念当初那棵大樟树的救命之恩，下诏封赏这棵大樟树，可地方官员找来找去也不知哪棵是救命的樟树，只好挑了樟树潭一棵最大的樟树上报为王，并将这段河流称为樟树潭。从此樟树潭这边的樟树受封后更加枝繁叶茂。而溪滩村真正搭救朱元璋的樟树却因没有受封而活活被气死，且溪水也越来越浅，渐渐形成了一片溪滩。后来，人们便把江北面的那块地叫作溪滩，而江南面的高地取名樟树潭，樟树潭的名字就从那个时候开始一直流传至今。

三、帝皇滩的传说

信安湖畔，原青龙码头的下游，现在柯城区信安街道沙湾附近一带的衢江段，古称地黄滩，现叫帝皇滩（帝王滩）。滩险流急，那么这处古代航者视为畏途的险滩，为何叫"地黄滩"呢？

这一切，还得从唐末起义领袖黄巢说起。据说当年黄巢率军由浙江转战福建，在江山仙霞岭开山辟路，建起了闻名遐迩的仙霞关，打通了到建州的700里通道。在由衢州前往福建的行军途中，随军还带着18把沉重的金交椅。突然有一天，有队官兵追踪袭来，惊慌失措的士兵们顾不得埋藏这些宝物，匆匆把它们往衢江里一扔，便各自逃命去了。说来奇怪，就在18把金交椅入江的那一刻，忽然狂风大作，乌云密布，继而雷声滚滚，昏天黑地，伸手不见五指。霎时，衢江上掀起一股惊涛骇浪，有翻江倒海之势。待到风平浪静、云开日出之时，人们惊奇地发现：金交椅早已不见踪影，而衢江中心兀然突起一大片金黄的沙石滩，人们便叫它为地黄滩。

很多衢州人知道，地黄滩也称帝皇滩或帝王滩，据说这和明朝开国皇帝朱元璋有关。朱元璋少年时，父母兄长相继去世，孤苦无依，就在浮石的江心沙洲一带替主人牧牛。青少年的朱元璋是一个调皮的人。因嫌东家主人刻薄吝啬，就宰杀了牛，将牛肉分给混熟的牧牛童，自己只留一条牛腿藏于芦苇丛中，又将牛尾巴深藏在溪滩石壁缝隙中，吃完牛肉的朱元璋懒洋洋地以伞为枕头，双手双足四仰八叉横躺于沙滩上酣睡。

话说今丽水青田县有个隐士刘基，字伯温，善观天象，发现西安县（今衢州）柯城这个地方上空"王气"甚浓，便寻访来到浮石这个地方的江心沙洲上，只见一牧童酣睡未醒，睡态似一"天"字。凝视了一会，那牧童又反身一侧，换了个睡姿，双足曲在一处，怕睡去伞子被人窃去，就将伞子横扣在腰下。这一扣不要紧，恰似一"子"字。刘伯温大惊，吓得屈身下拜，喃喃自语：踏破铁鞋无觅处，想不到未来的天子从濠州（凤阳）流落到西安县浮石的江心沙洲上。无奈天机不可泄露，否则会招来杀身之祸，刘伯温只好恭守着朱元璋。刘伯温不好明说，等他醒来，谆谆告诫这位未来天子："八年后，郭子兴会在濠州（凤阳）集结人马，你当投奔！"朱元璋听了如雷贯耳，揖而问先生高姓大名。刘伯温从来隐姓埋名，只称："十年后有缘可再见。"

后来风云际会，朱元璋与刘伯温君臣之间演绎了一段合力逐鹿天下的大戏。刘伯温追随朱元璋为他出谋划策，运筹帷幄，决胜千里。而他小时候躺过的沙滩，自然也就被人们称为"帝皇滩"（帝王滩）了。

四、鸡鸣寺关公显神力的传说

塔底鸡鸣寺，曾流传一皇叔在此求关圣显神助战的传说。

相传很久以前，距古刹西南近百里的江山县城曾被一支外来之敌所侵占，他们掠夺财富，欺压百姓。为长期霸占，敌军还在城墙四处设有哨点，戒备森严。面对强敌，官府败退，城内外百姓一时尚无对策，只好将敌情禀报到省城杭州握有兵权的大将军手里。时任大将军恰是一位皇叔，虽位高权重，但事关大局，获悉后又禀报皇上。皇上闻讯后，当即命令："杭城驻军马上出兵，收复浙西失地！"

皇叔奉命率部从钱塘江登船，沿水路西行，船队长达15里，星夜兼程，没几天便到400余里靠近塔底村的江边。可天有不测风云，此刻的东风却转为西风。皇叔见船队受阻于西风，难以前行。便通令船队暂时停靠北岸，等待东风来时再启航西进。可如此等待，势必贻误战机。正当皇叔犯难之际，看见到江边隐隐约约似有一座寺庙，便灵机一动，携上身边的几位卫士一起登岸。没走多久，皇叔发现数十米处这座古刹，感觉这是神灵的召唤，他带头步入大殿。皇叔向殿主言明来意，主持含笑点头，示意皇叔向关圣帝君求助。虔诚的皇叔向关圣帝君敬香、叩拜，并流露心思："关圣帝君，吾皇叔船队正奉命赶赴江山县城收复失地，没有想到途经贵地时却东风转为西风，船队被迫停靠江畔。请关圣帝君显显神力，让西风转为东风，助我兵船西进……"皇叔当即许愿："若我兵船提前到达江山夺回失城，一定给全堂佛菩萨黄金装身、衣服全新。"

皇叔许愿完毕，便向关圣帝君、全堂佛及殿主先后告辞。当皇叔一行带着法喜回头登上战船时，忽然，西风真的转为东风，风力正好三级，可扬帆西进。皇叔顿时感到一定是关圣帝君显神力，便通令船队迅速起航，西进一帆风顺，船队很快到达江山县水域，当离县城约八九里时，敌方的哨兵已察觉到这批望不到尽头的帆船是战船，正朝他们移动，马上报告驻军头目。敌方明知自己的力量无以抗衡越来越近的大部队，便弃城而逃……

当皇叔的船队陆续靠岸，官兵登陆时，敌人已逃之夭夭。这场不战而胜、不伤一卒的战事，让久经沙场的皇叔大将军感到意外和惊喜。皇叔心想："要不是关圣帝君呼风推船，助我军威，天底下哪有这等便宜事?!"然而，皇叔并未因胜利而陶醉，他深知，外敌虽畏惧而逃，但江山城已被扰乱，民心尚不安定。于是召集官兵商定，帮助地方官安抚城内百姓，恢复生产和买卖。经努力，城内秩序恢复如初。皇叔还留下部分守兵以防万一，而只身率其余官兵返回杭州城。接着，皇叔将关圣帝君大显神力、江山县城外来之敌不战而胜的消息禀报皇上，还汇报了向关圣帝君许愿感恩之事。皇上听毕，满脸喜气，马上为凯旋的大将论功奖赏，还回答："你们怎样给关圣帝君还愿都可以。"

又传说，当年皇上曾赐一块大匾，上有墨宝："日月争光"四字，由皇叔带到古寺作为给关圣帝君还愿时的厚礼（具体年代难考）。时至"文化大革命"，这块宝匾被人偷走，今不知何处。往事如云，耐人寻思……

五、晏令公与石鼓殿的传说

衢州人都知道，衢州城北浮石一带有"六月过小年"和"半月重阳节"的传统习俗，都说这一民俗和晏令公与石鼓殿有关。

据说宋朝绍兴九年（1139年），北宋宰相、著名词人晏殊的曾孙晏敦复，为人刚直，不屈权势，反对议和。因得罪当朝秦桧一伙，遂将任吏部尚书兼江南等路经制使的晏敦复降职，出任衢州知州。晏公在衢任职期间，恪尽职守，勤政爱民，深受百姓爱戴。

相传，在他任职期间，有一年，衢城北郊（今浮石乡）一带暴发了严重的瘟疫。衢城的医生郎中们都束手无策。眼看着一个个村庄的百姓们纷纷发病身亡或背井离乡，身为衢州父母官的晏公心急如焚。他衣不解带，日夜在衢江北岸一带视察疫情。有天晚上，在结束一天的慰问视察工作之后，他顺便投宿在衢江边的石鼓庙中。然而，心事重重的晏令公心忧百姓，心绪就像那汹涌江流声一样起伏不定，哪里还睡得着觉呢？

他在床上辗转反侧，想着明天该如何写奏章向朝廷汇报疫情以救黎民，忽然听到大殿内传来一阵戏谑的笑声。他细听之下，才发现是瘟神们在一起得意地炫耀他们是怎么祸害苍生的：原来他们已经在石鼓殿的井中投了毒，并说要在当地百姓过完小年（农历十二月二十三）之后，亲眼看这里变成一片荒无人烟的不毛之地再离开衢州。

晏知州听后不由大惊：该怎么阻止衢北一带天天饮用这井水的百姓来这里挑水呢？谁会相信他在这里听到的有关瘟神在井中投毒的荒诞之言呢？他一夜思来想去，苦无良策。无奈之下，最后竟舍身投入井中，以此来阻止百姓在这口投毒的井中取水。

天亮后，前来打水的百姓发现有人投井，连忙把尸体打捞上来。他们吃惊地发现投井的竟然是晏令公，因中毒已全身发黑。百姓们明白一切之后，不由悲痛万分。为了永志不忘他舍身救民的恩泽，老百姓筹资为他塑了一座神像——俗称"晏令公"（因其去世时中毒，面目黧黑，又称"黑面佛"），将其供奉在石鼓殿中。

之后，衢城百姓为感其恩德，又在府山龟峰东水巷建了一座晏公祠，并为其塑黑色塑像一座，春、秋二祭，八百年来香火不衰。"晏令公"也就成为衢州地方保护神四大令公之一。现徐家坞"徐氏宗祠"厅堂仍停放着"黑、白、红"三座令公像。"三令公"即晏令公（黑佛）、蔡令公（白佛）、茅令公（红佛），其中那座黑面佛就是晏令公。

平日，三佛皆供奉在石鼓殿。每遇重阳节祭祀晏令公，各村都要"抬佛斗佛"，以驱瘟神赶病魔。流传至今的衢城北乡重阳节，以"石鼓殿"所在地徐家坞村为中心，向浮石乡周边辐射，一直影响到周边万田、云溪乡一带，自九月初九重阳节开始，一天一村，轮流着到佛殿把三佛抬出来游村过节。

为避免因抬佛而发生争执，各村就有了按日轮流过重阳节的俗定：从徐家坞村农历九月初九第一个开始，各村轮着过，九月廿四轮到姜家坞村邵家，一直到农历九月二十八云溪锦桥村过完重阳节，共历时二十天左右。直到瘟神病魔一个个被"黑面佛"吓得逃离了村庄，各村都平安吉祥了，城北浮石一带的重阳节才算真正结束。

六、信安湖畔闻鸡鸣

"鹿鸣石室望不远，纵横百船双塔西。衢州十月似八月，蟋蟀夜鸣红树溪。"这是清朝"一代通儒"焦循，在衢留下的诗作《出衢州十里宿鸡鸣山下》。诗中所说"鸡鸣山"（图14-6），据《西安县志》载"在县东十五里，定阳溪流其下，一名东溪……山皆赤色，四面陡削，水势触击，川途颇险。上有塔，名'鸡鸣塔'"。第二句提及的"双塔"是指衢州东溪、西溪交会处旧有鸡鸣山、黄甲山二塔。鸡鸣塔今圮，渐被人遗忘。

图14-6　嘉庆《义乌县志》中的鸡鸣山图

随着信安湖的开发，塔底电站（水利枢纽）所在地——塔底，越来越多地出现在了衢城百姓的视野中。塔底，顾名思义位于塔之底，可塔又何在？另藏怎样的玄机呢？

（一）鸡鸣山塔话由来

浮石街道塔底村一些老前辈说，就因为自己村在鸡鸣塔底下所以才叫塔底。此塔正处在衢江、乌溪江两江交汇处，有了这座塔，航船能判断方向。当时，它是衢城的一个地标——船从杭州方向下游上来，远远地看见鸡鸣塔就知道衢州快到了。建塔的原因，有两种说法：一是因为地临衢江，常有洪水肆虐，浸城池，漫田地。古人以为建塔即可以镇蛟龙之害，使衢城百姓免受洪涝之苦。二是因为衢江之水由此从衢城转向而东流，城边之地皆旷衍射了无所收束，立塔可以资其控扼，以补形势之不足，盖一邑之镇也。

说起两塔，曾流传着不少神奇的传说。说鸡鸣山与下游黄甲山对岸的樟潭像是漂浮在衢江上的一条船，百姓因此而常遭水患，苦不堪言。有位仙人指点，在鸡鸣山和黄甲山两地各建一塔——这两塔就像撑船的竹篙，一前一后定能镇住像漂浮在衢江航船一样的樟潭，从此樟潭便可免受水灾。于是两岸百姓聚财倾力，耗时多年，在万历元年（1573 年）开始建塔。

两塔的建成，完成了两岸百姓的长年夙愿。衢江北岸鸡鸣山塔与黄甲山塔，相映成趣。有诗云：

春汛如潮涌，

万箭下江东，

落日呈余晖，

古塔现峥嵘。

（二）塔底江边说鸡鸣

史料记载，鸡鸣塔、鸡鸣寺以及衢江对岸的鸡鸣村都因鸡鸣埠头而得名。鸡鸣埠头恰好位于衢江与乌溪江的夹角处，独特的位置让它成为衢城最早的埠头之一。那么鸡鸣埠头有何由来呢？

《衢州地名志》给出的解释有些简单："传说杭州城隍船深夜路过此埠头刚好鸡鸣，故名。"可当地有人用一个生动的故事讲述了它的来历：传说天上有只神鸡，路过衢州时刚好要下蛋了，蛋一落下却成为一座滚圆的山头。说江北浮石这边那么多的山头，都是它下的蛋。有次在衢江边下蛋时，刚好被塔底一位渔民看见了。渔民心想，这下坏了，由它继续下蛋的话，衢江可不被堵死，如此百姓就遭殃了。于是他灵机一动，学了一声公鸡打鸣，神鸡一听后果真停止了下蛋，于是"鸡鸣"因此而得名。鸡鸣塔基底下那块环水的山头，便是神鸡下的最后一个蛋。后来百姓便在山上建起了鸡鸣塔，防止神鸡再来下蛋。

塔底村民还传有另一个版本的鸡鸣故事：说衢江的北岸住着一条蛇，南岸住着一只龟。有一天半夜，蛇想过江去找同伴交配，而这只龟也正想过江。因为蛇与龟体型都很大，所以衢江很快就会被它们堵死了。这时有位渔民学起公鸡打鸣，龟与蛇以为天亮了就停止了前行。说鸡鸣塔下的那座山就是蛇的头，后来造塔是为了镇住这条蛇。

（三）鸡鸣山寺听钟声

据塔底《张氏宗谱》及《戴氏宗谱》的综合分析，鸡鸣寺约建于北宋宣和间（1119—1125 年），多方援助而建，当地有句口头语"七村八村合一殿"。因时代变迁，旧殿基已改建民房。现存的正殿为三进二明堂，造型古朴宏敞，占地 490 余平方米，正殿内分弥勒殿（天王殿）、大雄殿和后殿（三圣殿）。古刹的复兴，得益于改革开放。20 世纪 80 年代初，当地信士发心修寺塑佛，香火兴起。过了几年，江西省上饶县释达明来此修行弘法，广结善缘，在古刹西侧建僧房一间住下，四方筹款，先后用香樟雕刻 30 余尊神佛像，工艺精湛，微妙异常。寺内尚存青石板香台，安于释迦佛龛前。这尊青石香台上刻有"道光二十二年（1842 年）顺天府赵燮堂助"字样，历尽劫难，碑文无伤，成为古刹的珍贵文物。

据传说，当年有人捐过一块与以上香台同样大小的青石板，用作造鸡鸣塔塔根。但造塔时，却不幸坠入深潭，不知多少年未见天日。时至1949年5月，这尊青石板却奇迹般地浮出水面。塔底村民张金树等18人从浅水中捞起，并合力将它抬到古寺内保存。又因古寺在"文化大革命"时失管，这尊青石板被一群汉子翻断，后来又用于修桥铺路，今去向不明。殿内一尊重250公斤的铁钟，铸造日期为佛历二五五三年（2010年），殿门前又新设一尊大型香炉。每逢九九重阳节为古刹传统庙会，远近香客慕名而至。

鸡鸣山曾有一首古诗：

数峰回抱水泠泠，暑气才消酒半醒。

几缕晚烟归浦树，一弯新月照江亭。

乡城病亦开蓬望，村吠眠犹隔岸听。

夜向鸡鸣山下泊，荻花如雪满前汀。

泠泠的诗意，多了份对鸡鸣山的惆怅。或许重新修葺鸡鸣塔很难，但对于那些曾经"三日不见故乡塔，就会眼泪滴滴嗒"的老衢州来说，心中依旧保留着那份"似曾相识塔归来"的乡愁和渴望吧！

七、王质遇仙

烂柯山位于衢州市东南15公里的石室乡，海拔160余米。由于它山明水秀，风景秀丽，在古代关于"洞天福地"的记载中，烂柯山被列为"第二十福地"，也有道书中称它为"青霞第八洞天"。元和初（约806年）此山始被称作烂柯山，烂柯山名字的来历，流传着一个美丽的神话。将其与中国围棋联系在一起，烂柯山由此成了"围棋仙地"。"烂柯"一词也成了围棋的代名词，我国不少围棋古典弈谱，根据烂柯而定书名，至今烂柯一词在国内外棋刊上仍屡见不鲜。

最早有关于烂柯山的传说见于晋虞喜《志林》"王质遇仙"的故事："信安山有石室，王质入其室，见二童子方对棋。看之，局未终，视其所执伐薪柯已烂朽，遽归乡里，已非矣。"后南朝梁任昉《述异记》载："信安郡石室山，晋时王质伐木至，见童子数人棊而歌，质因聴之。童子以一物与质，如枣核，质含之不觉饥。俄顷，童子谓曰：何不去？质起视，斧柯烂尽。既归，无复时人。"

唐朝王松年《仙苑编珠·王质柯烂徐公醉眠》载："《传》云：王质者，西安乡里人也，性颇好棋。因入山探樵，见二仙人于石桥下棋，质乃以斧柯谭坐观棋，局终乃起，斧柯已烂。归家，数百载矣。今衢州烂柯山是也。徐公者，金华乡里人也。入山见数人道士饮酒，乃与公州杯，饮讫醉外。觉来见其地成一湖水。归家已数代孙子。至今金华山中有徐公湖也。"北魏郦道元的《水经注》里还记载了烂柯传说的另一个版本，说王质在烂柯山看见童子四人一边弹琴一边唱歌，却不见观棋的元素，反映了烂柯传说在流传过程中的又一种演变。

此后，历代书籍、文章、诗句中有关烂柯传说的记载不断。经各个历史时期广大劳动人民的口口相传，"王质遇仙"故事带动了烂柯山传说的发展，逐渐形成了种类繁多、数量庞大的烂柯山传说系列：有以王质遇仙为母题的传说、有以成仙得道为主题的传说、有烂柯山的民俗传说、有依附于烂柯山地域某一地（或一景）的传说。经挖掘整理，目前传说数量已达近百个。

王质烂柯也常被用来表示"人、事的沧桑巨变所带给人的恍如隔世的感觉"，亦用为醉心棋艺的典实。从古到今，文人雅客更是喜欢用"烂柯"一词来表达和抒发自己的感情。

烂柯山围棋仙地的传说，是留给衢州人民的一笔宝贵财富，在 2007 年被定为浙江省非物质文化遗产代表作。烂柯山传说的产生既与当地、当时的特殊环境、历史因素、思想背景有关，还与其生产生活、民风民俗等因素紧密结合。这些优美动人的传说在传承过程中经过劳动人民的口头讲述，不断丰富故事种类和内涵，使得烂柯山传说至今传承不衰。

八、赵抃救灾

熙宁八年（1075 年），两浙路连遭旱灾、蝗灾，继而暴发瘟疫。越州（今浙江绍兴）灾情尤为严重，震惊全国。赵抃[1]临危受命，赶赴越州救灾。

他一去就面对严重的旱灾，灾情到了县县缺粮、户户断炊的地步。而地主却囤粮抬价，想趁机大捞一把。官府则出告示禁止哄抬粮价，企图保护百姓利益，但似乎并不起作用。赵抃就突出奇招，反其道而行之，贴出告示，准许售粮者自行定价，官府不得干涉。正是这条规定，让各地米商纷纷运米来越出售，一时粮米堆积如山，米价狂泄；针对那些无钱买米的百姓，赵抃决定大修越城，大量雇工支酬；还召集有德行富爱心的财主捐粮捐物，共渡难关。这样生者有食，病者得医，死者可葬，百姓无不感恩戴德。大文豪曾巩为此专门作文《越州赵公救灾记》以盛赞赵公之德。

九、玉龙传说

衢州传说中的龙，在水边或岩石洞中。比如衢北的太真洞、白塔洞，是龙

---

[1] 赵抃（1008—1084），衢县城关人，宋景祐三年（1036 年）得进士。官至殿中御史，因弹劾不避权贵，被朝野誉为"铁面御史"。现衢城钟楼底建有清献公祠（赵抃祠），为市文物保护单位。

藏匿的地方。大头源溪多有漩涡，传说有龙，旁边一村称龙回。七里乡一村，旁有深谷，称龙坑。举村有岭似龙，亦称龙坑。杜泽铜山源边有龙过坑，相传唐时白鹤殿一和尚养泥鳅成龙，溪以此名。上方数山连绵，状似游龙，于是有上龙寺（今存）下龙寺（已毁）。石屏有龙宫头村，其村边山谷内有一溶洞，人称龙宫。龙皇殿后村是因为村里旧有龙皇殿，只是后来龙皇殿在"文化大革命"中拆毁了。黄坛口项家山东仓口，世传有"龙潭"，山上一村名"龙潭背"。九华庙源溪夺壑而出，水流中有扇形河滩称"龙滩"。这些传说有"龙"的地方还可举出一些，都在衢北、衢南高山峻岭中。民间为什么说这些山洞是龙穴龙洞？不外乎山势险要，崖谷幽深，洞穴奇异，水流湍急。龙当然应该住在这样的地方。下面说几个关于龙的传说。

大洲清水野鸭垄有个自然村叫乌龙坑。据《衢州市故事卷》记载，有两个小孩一同上山，看到草丛中一个鸡蛋一样的东西，抢夺中贵宝吞下。娘追赶出来，贵宝化龙，这个苦命的娘，叫一声"儿啊"，儿一回头，就出现一个湾，叫了十八回，乌龙坑有十八湾。

衢江区举村与坑口交界的地方，有座很高的山，山上有一石洞。石洞内可站100多人，洞壁石崖有股清泉，旁边有一龙爪印痕。相传洞内有一龙精。一次，龙精变化成一个官员模样，到杭州游玩。杭州知府宴请他，借着酒意，他竟然说杭州没有他洞岩府大。他说站在府台上，手能摸到天，鼻子可碰到太阳。后来，他又碰到衢州知府，而且两人成了好朋友。龙精说，以后你府上遇到大旱，可到我这里。一年，衢州大旱两个月。衢州知府就打听洞岩府下落。结果，谁也没有听说过。最后，有人告诉他，举村、坑口交界有个"洞岩"。衢州知府就亲去举村。那里果然有个"洞岩"，洞中还有一股清泉。他连叫数声"我是衢州知府，请兄台现身"。一会儿，一龙飞出。这时，洞外已是雷声隆隆，天昏地暗，大雨倾盆了。从此以后，只要是大旱，附近农民都到这"洞岩"求雨。类似的传说还有柯城乡湖柘垄村"乌龙殿"等。

玉龙上坟：衢州城里也有这样的传说。每年三月，衢州一带接连七八天大雨。每年这几天，天昏地暗，暴雨倾盆，街上绝少行人。天黑压压的，闪电一个接一个，紧接着迅雷不及掩耳，一些小孩子就会藏到桌子下面恐惧地问"为什么雷公划闪这么响？"老年人就会告诉他们这是"玉龙上坟"。它从衢州经过，到江西玉山。它是孝子，每年三月这个时候一定要来上坟。至于玉龙的样子以及白龙、乌龙是怎么变成的，则讲不清。

第四节　戏　曲　杂　剧

衢州到了元代，客籍的力量空前强大，薛昂夫、张可久、柳贯，这些代表元曲最高成就的作家，为衢州留下了一笔宝贵的精神财富。

一、元代戏曲创作

（一）达鲁花赤薛昂夫与衢州元统雅集

薛昂夫（约1270—1359），本名薛超兀儿，汉名马昂夫，是元代著名散曲家、文学家。他出身名门，青年时曾拜刘辰翁为师，研习汉语诗歌创作，以散曲名动一时，与戏曲家马致远齐名，合称"二马"。1332年，薛昂夫出任衢州路达鲁花赤。在任上，他修水利，均税赋，兴土木，使衢州五谷丰登，商业繁盛，百业兴旺，一派繁华。

元代元统年间（1333—1335年），衢州曾有过盛况空前的文人雅集，骚人墨客汇聚一堂，纷纷题诗赋曲撰文。烂柯山景色优美，又在薛昂夫的辖区之内，自然是他举办雅集的胜地。萨都剌有《三衢守马昂夫索题烂柯山石桥》诗，三衢路吏曹明善有《侍马昂夫相公游柯山》曲，都是同时唱和的作品，可谓盛况空前。据初步检索整理，以有作品传世为准，就牵连作家10余人，作品20多篇，诗、曲、文俱全。其中高官如王都中、王士熙，名流如刘致、李孝光、萨都剌、吴师道，还有高僧大欣、道士张雨等人。文学家虞集虽已退休，远在异乡，也寄诗来凑趣。衢州吸引了如此众多的英才俊杰盘桓吟唱，薛昂夫的感召力和影响力当推首功，而衢州元统雅集作为一次盛况空前的文人聚会，在元代文学史上也留下了重重一笔。

（二）名家张可久、柳贯的衢州散曲

宁波人张可久（约1270—1348）一生坎坷，时官时隐，做的都是路吏、典史、幕僚、监税等小官，不太得志，足迹遍及苏、浙、皖、赣等地。他毕生致力于词曲的创作，是元代最为多产的散曲大家，也是元曲的集大成者之一。1324—1325年间，应衢州路总管赵仲礼之约，张可久从会稽路到衢州路，担任总管府幕僚，为衢州留下了一笔珍贵的元曲文化遗产。其中《中吕·红绣鞋·三衢道中》一曲，有"白酒黄柑山郡，短衣瘦马诗人，袖手观棋度青春"等句，提到了衢州的特产白酒和黄柑。白酒是元代衢州一种以白糯米制成的黄酒，在当时颇为流行，而黄柑自然是指衢州的橘子了。张可久在这里，虽然"短衣瘦马"，生活俭朴，但是有酒有橘，还可"袖手观棋"，真是自得其乐。

浦江人柳贯（1270—1342）也是元代著名文学家。他师从南宋理学大师金履祥，又是明代开国文臣之首宋濂的老师，一生好学不倦，博古通今，与黄缙、虞集、揭奚斯等并称"儒林四杰"，著有《柳待制文集》。1326年，衢州路总管卢景在峥嵘山平山堂设宴，柳贯也来作客。《柳待制文集》中有《次衢州卢彦远总管任仲安同知留宴平山堂上慨想旧游席间为赋》一曲："山如雉堞水如陴，堂

槛凭空直下窥。指似雪鸿留迹处，看成辽鹤返家时。使君延劳承终宴，倦客追欢惜早衰。为向青霞仙者说，吾游未了一枰棋。"作者描绘了平山堂所见所思，追忆旧游，感慨岁月流逝。

二、客籍诗文戏曲

明代的衢州文坛，客籍阵容依然强大。徐渭、沈明臣的《烂柯山欢宴祝捷碑》不仅为烂柯山再添一段佳话，也造就了一个新的成语"杀人如草"。戏曲大师汤显祖五年遂昌知县的经历，为龙游留下了众多诗篇和传说。名著《牡丹亭》中有些脍炙人口的唱词，就是在龙游写下的。徐霞客四过衢州，在日记中留下了不少对衢州美景的描绘。从小说《连城璧》到昆曲《比目鱼》，李渔的每一次创作和修改，都离不开衢州带给他的灵感。到了清代，小说家蒲松龄在名著《聊斋志异》中所描绘的"衢州三怪"，虽然只有短短的近百个字，至今仍给衢州人留下无尽的遐想。

（一）明代南戏《烂柯山》剧本

12 世纪初叶，在浙江温州、永嘉一带出现了一种全新的戏剧形态——南戏。它最初是在宋人词调的基础上，加上民间"里巷歌谣"式的唱曲兴盛起来的。宋元戏文中有一些剧目，由于具有强大的舞台生命力，历经明、清数百年的时间淘洗而盛演不衰，成为长期的保留剧目，并在民间的流传中逐渐发生演变，而明无名氏的剧本《烂柯山》就是其中之一。《烂柯山》的名字现在已无从考证，想来与衢州有些关系。目前，只知道该剧是明末清初人所作，作者姓名不详，取材民间传说汉代朱买臣休妻的故事。朱买臣因为应考不中，妻子崔氏嫌其贫寒，逼他写休书而改嫁。后来朱买臣高中做官，荣归故里，崔氏又希望夫妻能相认，朱买臣不允，崔氏羞愧自尽。今全剧已散失，仅存其中零散的几出戏。昆剧中的《痴梦》和有些剧种的《夜梦冠带》《马前泼水》都源出于此。

（二）戏曲大师李渔与剧本《比目鱼》

兰溪人李渔（1610—1680），号笠翁，是明末清初著名的戏曲家、小说家、诗人。他的代表作有《比目鱼》《风筝误》等 10 种，合称《笠翁十种曲》，被誉为"东方的莎士比亚"。

顺治八年（1651 年），李渔举家东迁杭州，过着挥毫"卖赋糊口"的生活。这期间他创作了小说《无声戏一集》（又名《连城璧》）。其中第一回《谭玉楚戏里传情 刘藐姑曲终死节》的素材就来源于衢州府。这一回大致情节是：衢州府西安县杨村坞有个女旦角叫刘绛仙，她的女儿刘藐姑如花似玉，戏艺出众。落魄士子谭玉楚为追求藐姑，不惜投笔从艺，入班专唱小生。生旦情投意合，私订终身。谁知本地一个年近五旬的富翁看上了藐姑，以重金收买她母亲，欲纳她为妾。藐姑坚决不从。一天，藐姑和玉楚在晏公庙水台演出昆剧《荆钗记》

时，双双投江殉情，被桐庐县的莫渔翁张网救起。玉楚发愤苦读，得中高魁，偕妻走马上任从桐庐、衢州经过，又在原投江的水台上点看《荆钗记》。刘绛仙扮演王十朋，演至《投江》一幕时，触景生情，悲痛万分。貌姑失声喊母，绛仙吓得魂不附体，后来才方知原委，一家人和睦如初。后来李渔把这回小说改编为昆曲《比目鱼》。

作品中的杨村坞，就是现今衢州廿里镇六都杨。戏中的晏公庙，又称晏公祠，旧址在衢州府前东水巷。刘绛仙所办的大班"舞霓班"和小班"玉笋班"则是明末清初衢州昆班的缩影。

三、近代婺剧兴盛

婺剧，俗称金华戏，是浙江省主要戏曲剧种之一，它流行于浙江金华、衢州、丽水、台州地区和杭州地区的建德、淳安、桐庐，以及赣东北一带。因为金华古称婺州，1949 年秋定名为婺剧。婺剧的表演夸张、生动、形象、强烈，讲究武戏文做，文戏武做，所谓"武戏慢慢来，文戏踩破台"。因为服装无水袖，表演多在手指、手腕上下功夫，所以别具一格。婺剧的特技表演很多，如变脸、耍牙、滚灯、洪拳、飞叉、耍珠等。婺剧声腔包含高腔、昆曲、乱弹（即浦江乱弹）、徽戏、滩簧、时调 6 种。婺剧班社因为兼唱的声腔不同，可以分为兼唱高、昆、乱的三合班，兼唱昆、乱、徽戏而无高腔的两合半班以及乱弹班和徽班。

西安高腔，因衢县旧名西安而得名，是婺剧中著名的一种声腔。这种高腔早在明嘉靖年间已很兴盛，到清道光年间，高腔班社达到鼎盛，有 20 多个戏班。此后昆腔、乱弹逐渐活跃，高腔班渐趋衰落，到民国初年仅剩 3 个班。1940 年，仅存的郑大荣清班也息鼓散班。西安高腔现存剧目有《贵妃醉酒》《米兰敲窗》等，其代表剧目是《槐荫记》。2006 年，西安高腔被列入首批国家非物质文化遗产名录。

衢州昆曲，盛于明末清初，民国时龙游叶联玉班曾盛极一时。除代表作《火焰山》外，昆曲剧目还有《十五贯》《烂柯山》《长生殿》等。浦江乱弹，俗称罗罗调，明末清初流入衢州，它的代表剧目是《玉麒麟》，还有《挂玉带》《施三德》等整本，《打康皇》《马超追曹》等小戏、折子戏。徽戏，清乾隆年间从徽州传入，以西皮、二簧曲调为主的皮簧戏。清末民初，衢州徽班蜂起，戏文最多的当属开化蔡庆福班。徽戏代表剧目是《二度梅》，经常演出的还有《渭水访贤》《击鼓骂曹》等。滩簧，清乾隆年间流入，曲目多折子戏，传统曲目有《柳氏梳妆》《僧尼会》等。

第十五章
卓卓智水人

第一节 杨　炯

一、生平履历

杨炯（650—693），唐朝大臣、文学家、诗人，华州华阴（今陕西华阴市）人。与王勃、卢照邻、骆宾王并称"初唐四杰"。自幼聪颖过人，文学才华出众，善写散文，尤擅诗歌。在内容和艺术风格上以突破齐梁"宫体诗风"为特色，在诗歌发展史上起到承前启后的作用。显庆四年进士及第，唐显庆四年（659年），应弟子举及弟，被举神童。唐显庆五年（660年），杨炯时年十一，待制弘文馆。上元三年（676年），参加制举，补为校书郎。永淳元年（682年），擢为太子（李显）詹事司直。垂拱二年（686年），贬为梓州司法参军。如意元年（692年），迁盈川（今浙江衢州）县令。如意二年（692年），卒于任上。

杨炯在盈川县令期间评价官方和民间两极分化。官方记载：张说赠有《赠别杨盈川箴》。杨炯为政严厉，据《旧唐书》记载："炯至官，为政残酷，人吏动不如意，辄榜挞之。"民间记载：杨炯勤政爱民，浙江省衢州市盈川村建有杨公祠一座，内有杨炯塑像，内有对联："当年遗手泽，盈川城外五棵青松；世代感贤令，泼水江旁千秋俎豆。"说明当地百姓，千百年来都是把杨炯当作"贤令"来奉祠的。

二、盈川治水

（一）劈山治水

从前，衢江水流经安仁街，碰到螺丝形地界的岩石后，带着大量泥沙的洪水拐了个大弯回流到山垅里，并在垅口逐渐积聚。河床逐步抬高，将全旺溪水挡在垅里，沿溪田野常常汪洋一片，大量农田和农舍被淹，当地百姓们叫苦不迭。而在双盈头山的西面，也就是岩头溪东岸的大片土地严重缺水无法灌溉，百姓们同样苦不堪言。

如意元年（692 年），盈川县令杨炯到任不久，听到百姓们的反应，马上赶到这里视察。在亲自踏勘山水形势后，终于发现一个很容易解决问题的方法：只要把双盈头山这里的一块岩石凿开一个口子，让河水从岩石这里穿过去，就可以获得双赢的效果——既能解决双盈头这长垅田的水灾问题，又能解决双盈头西边这块土地的旱灾问题。于是，杨炯发动广大群众有钱出钱，有力出力，并从外地请来了石匠师傅。经过一个冬春的努力，终于打通了新的河道，使全旺溪水改道而行，并在此修起堰坝，又将原来的河道改建成堰渠，从而使这两个田畈的粮食年年都获得好收成。

因为这个堰是盈川县的一大水利工程，并收到了双赢的效果，杨炯便将这个堰取名为"双盈堰"，一语双关。后来，在双盈堰的上游有了住户，人们便将这里叫作双盈头村，当地百姓为了感谢他的恩德，在这里建造了双盈庙。

（二）殉职祈雨

相传，某年酷旱，民多食树皮草根，杨炯忧心如焚。为祷神降雨，他沐浴斋戒，跪求上苍，在烈日下晕厥多次，如是者凡月余。而骄阳依然如火，灾民嗷嗷。杨炯心知无力回天，垂泪道："我无能解民于倒悬，愧对盈川父老！"于是，投身路旁枯井。民众哀号恸哭，如丧考妣。入夜，狂飙四起，喜雨倾盆。千亩良田稻禾复苏，灾民笑逐颜开。而枯井水盈浮杨炯尸，居然面目如生，异香四溢。数十里外乡民扶老携幼接踵而来，焚香礼拜。是年五谷丰登，六畜兴旺。民享丰岁之乐，沐恩图报，乃塑杨令肉身神像。

武则天得知后，题写：其死可悯，其志可嘉。清代诗人陈圣泽题诗："一代盛名传四杰，三衢遗爱独千年。"清河南孟津县令祝其曾游盈川城隍庙后留诗："生前为令死为神，废县常留庙貌新。地界衢龙争报赛，千秋遗爱在斯民。"盈川百姓为纪念这位爱民如子的县令功德，于万岁通天元年（696 年）在他捐躯的地方建起了杨炯祠，塑像奉祀。直到现在由杨公祠改建的城隍庙依旧香火不断。杨炯祠于 1996 年 6 月被设立为县级重点文物保护单位。

三、后世祭念

每年农历六月初一是"杨炯出巡"的日子，村民们抬着杨炯塑像，到衢江区高家镇和莲花镇一带巡游，纪念杨炯，祈求丰衣足食、四季平安。"杨炯出巡"已于 2007 年被列入浙江省第二批非物质文化遗产名录。这一祭祀仪式在当地群众的心目中已经根深蒂固，这是一种精神的寄托，一种独特的信仰，就全国范围而言，针对特定人物的祭祀仪式绝无仅有。

除了农历六月初一"杨炯出巡"，盈川每年还有二次拜佛集会。一是农历四月廿二日，据说这是杨炯任盈川县令的日子；二是农历八月廿，这是杨炯被封城隍的日子，两次都是庙会，要摆酒演戏。

第二节　张　应　麟

一、矢志水利

张应麒（？—1166）又作应麟，字瑞伯，淮南人。南宋乾道元年（1165年）任西安县丞，职司水利，因治水殉职而载入史册。

时县南石室堰灌溉数万亩土地，又向内河供水，但乌溪江水流湍急，水坝屡修屡毁。乾道二年（1166年），张应麟主持在乌溪江黄荆滩上修筑石室堰，集七十二沟水汇流于城南，然后引水进入衢州城，作为内河。乾道二年（1166年），石室堰将完成，又遇山水暴涨，堰将坏。民国《衢县志》记载：因为连续三年工程还不能完工，张应麒策马江边仰天而叹："吾心尽计穷，无能为矣。"张应麟跃马自沉中流而死，水势渐减，堰址才最终确定下来。南宋淳熙二年（1175年），朝廷追赠张应麟为掌管祭祀、宴饮的光禄寺副长官（少卿），受惠的衢州百姓也没有忘记他，在石室堰旁建有张公祠以示纪念。历代香火不衰。据传明朝开国宰相刘伯温途经衢州，还专程前去拜谒，留下追思张公的诗句。为祠题联曰"千家禾黍千家福，一日溪流一日恩。"

二、斩子殉职

张应麟修石室堰治水殉职，史书有文字记录，民间有专祠祭祀，应是不争之实。但柯城石室一带还流传张应麟斩子血祭护水制度的故事，石室堰坊间又有剥皮堰一俗称。

话说南宋时，石室堰修成，引乌溪江水，可溉田 20 万亩，因影响民生，所以县衙对堰渠灌田和过往排筏有规定，张应麟也曾明令定期开闸。这年天旱，更是张贴告示，不得任意开闸放水。商人"木老虎"为使其排筏过堰，知张应麟有子，平日又管束甚严，侦其行踪，诱以酒色，唆其开闸。张公子不知禁令，也不听衙役劝阻，最后开闸放水。张应麟最终维护法纪，其子按律令正法。后又因洪水泛滥，他策马赴水，不幸殉职。

民间演绎出此种故事，不仅是出于对张应麟的敬重，反映了他在人们心中清正廉洁、一心为民除水患的形象，也还饱含着对护水制度的敬畏。这种敬畏是可贵的，无论古今，制度性保障是不可或缺的。

第三节　马　　璘

一、生平履历

马璘，清康熙年间任协镇衢州等处地方左都督管副总兵。每逢春夏之交，江水泛涨自西北角入城廓，东北二隅庐舍尽遭淹没。虽有北门关帝庙僧人智明募资所建德坪坝，但因土堤屡修屡毁。康熙五十九年（1720年），马璘见堤工低薄，因捐自己俸禄于守戍张善敬，改土堤为石堤予以加固，后又研究以酒坛贮砂，自堤根垒至堤顶，进一步加固了堤防，使百姓免于洪灾之苦。治水本非马璘之职责，然为官一方怜百姓疾苦，遂凭一己微薄之力为之，百姓感其功德，立碑记事，将德坪坝又名曰马公堤。

二、马公筑堤碑

马璘生平记载较少，最早的记载见清代嘉庆年间的《衢县志》，志书中详细记载了《清康熙马公筑堤碑》立碑始末。马公堤即酒罋坝，后更名为德平坝，坝岸马公筑堤碑原碑已经消失，民国时期对《衢县志》进行了重修，《清康熙马公筑堤碑》碑记亦录入民国《衢县志·碑碣志二》中，详见本书第六章残碑藏真迹之二《清康熙马公筑堤碑》。

第四节　陈　鹏　年

一、生平履历

陈鹏年（1663—1723），字北溟，又字沧州，湖南湘潭人，清代官吏、学者。陈鹏年幼年聪慧，9岁以《蜻蜓赋》辞惊宿儒。清康熙二十三年（1684年）中举人，清康熙三十年（1691年）中进士，清康熙三十五（1696年）至三十七年（1698年）任西安知县。历任浙江西安知县、江南山阳知县、江宁知府、苏州知府、河道总督。他曾被康熙誉为天下"第一能臣"，他为官清廉，有"陈青天"之称。

陈鹏年在知县任内政绩最著者为整顿田赋和兴修水利。他到任后，丈量土地，整顿税制，务使税出于田，田归于民，百姓安居。他将全县各堰受益田亩编为十甲（即10个片区），择甲内田多而年高望重者担任堰长。然后由堰长牵头，带领田户，筑堰修渠，合理负担，衢州河湖长制的前身"河堰长制"就在这一时期得到大力推行。

在疏通城壕的同时，陈鹏年还着令在柯山门外引水渠上建分水闸。天旱时分城壕水开闸放水，灌东郊农田。在任内由于不忍追加田赋被罢官入狱。康熙南巡时给予平反，擢升河道总督。清康熙六十一年（1722年），黄河马营口地段决口，亲临督修。雍正元年（1723年）病逝于河防工地。

陈鹏年为官以廉能著称，清《一统志》、《浙江通志》、民国《衢县志》等文献中对其政绩均有记载。此外，陈鹏年诗文也备受推崇，且著述甚丰，曾辑宋元明诗若干卷，《月令辑要》《物类辑古》《韵府拾遗》若干卷，自著《古今体诗》五十四卷，《历仕政略》《河工条约》各一卷，《道荣堂文集》八卷。

陈鹏年体恤民情，伸张正义，刚正不阿，为官清廉，重视教育，放粜缓征，禁止停丧溺女，昭雪冤案，治桥建闸。他担任国家河道总督后，常年奔波在各处堤坝工地上，最终因积劳成疾，在河堤的办公处去世。为官一任，造福一方。善政不可胜举，得到了地方百姓的大力支持和爱戴。"有的人活着他已经死了，有的人死了他还活着。"陈鹏年就是永远活在衢州百姓心中的好官。

二、网格治水

据民国《衢县志》载，陈鹏年任西安知县只在康熙三十五年至三十八年（1696—1699年），时间并不太长，但留下的政绩名声却相当不俗。清代就有不少文人笔记开始传颂陈鹏年的西安治绩，较为翔实地记录他"留心水利编甲督堰"和"严檄奸民聚众开矿"两项功绩。

关于"留心水利编甲督堰"之绩，大致是这样的：西安县自宋元以来，先后兴建了石室、黄陵桃枝诸堰坝。至清代，许多堰渠失修。陈鹏年到任后，深入调查，发现水利失修的主要原因在于管理机构不健全、水费负担不合理。于是，便将全县水堰承田（受益田）编为十甲，择甲内田多而齿壮者佥为堰长。由堰长牵头带领田户共修堰坝，所需工夫物资费用，由受益田亩合理负担。当时每亩田年出水费仅3厘2毫，群众乐于从事，水渠整修一新。陈鹏年在疏通城壕之后，特意在柯山门外引水渠上建立分水闸，天旱时可以放水灌溉东郊农田，乡民称为"陈公闸"。

仔细体会陈鹏年"水利编甲督堰"的实施办法，其将全县水堰承田编为十甲，实际上与前些年所推行的"网格化"管理如出一辙。陈鹏年早在300多年前就在衢州创建了"网格化"的管水模式，模式先进，令人钦佩！而且从制度创建的角度来考量，首创的"堰长制"，在全国沿用至今，与浙江近年来所创设的"河长制"似乎也是颇有渊源。

第五节 谢 高 华

一、人物生平

谢高华（1931—2019），浙江省衢州市横路乡贺邵溪人。1951 年 3 月加入共青团，1952 年 2 月参加工作，1953 年 5 月加入中国共产党。曾任衢县县委副书记、书记，衢州市委（县级市）书记，浙江省义乌县委书记，衢州市常务副市长，衢州市人大常委会副主任，衢州计生协会名誉会长等职，任职期间，他为民敢当先、改革勇创新、廉洁不谋私。改革开放初期，谢高华带领义乌干部勇敢坚持、积极作为、精心培育，催生了义乌这一全球最大的小商品市场，为全国小商品市场的改革发展树立了榜样。1988 年 9 月，衢州市乌溪江引水工程建设总指挥部成立，谢高华带领并指挥衢州百姓万人手挑肩扛，创造了被誉为"江南红旗渠"的乌溪江引水奇迹工程。

2017 年 4 月 16 日，荣获"全国商品交易市场终身贡献奖"。2018 年 12 月 18 日，党中央、国务院授予谢高华同志改革先锋称号，颁授改革先锋奖章，并获评"义乌小商品市场的催生培育者"。2019 年 9 月，获得"最美奋斗者"荣誉称号。

二、敢想敢做

谢高华是为衢州老百姓做了很多实事的父母官，与乌溪江引水工程更有剪不断的缘分。

20 世纪 70 年代，谢高华先后担任衢县县委副书记、书记，衢州（县级市）市委书记。由于出身于衢江区横路乡贺邵溪一个赤贫的雇农家庭，谢高华曾承受过干旱之苦，深知水对衢州农业和农民的命脉意义。在乌溪江引水工程建设之前，谢高华为衢州人做了第一次"逆天改命"的尝试——从乌溪江上的黄坛口水库引水，解决了 5 万多亩农田的用水紧张问题。为彻底解决衢州南部干旱问题，1985 年谢高华萌发建设乌溪江引水工程的念头，拦截乌溪江，飞越灵山江，从根本上解决衢州南部 55 万亩农田严重干旱缺水的问题。在其力推下，衢州市委、市政府把乌溪江引水工程建设提上重要议事日程。

1988 年 9 月，衢州市乌江引水工程建设总指挥部成立，57 岁的谢高华任总指挥。1990 年 1 月 2 日，"乌引"正式动工。一万多名义务出勤的民工从四面八方陆续汇集，大家坚信靠着团结的力量能创造奇迹。工程开工后，面临资金紧张问题。为筹集资金，谢高华提出发动群众自愿捐款，上至衢州市委书记，下至衢州普通农民，纷纷慷慨解囊，只用一年时间就筹集资金 4000 多万元。

1990 年 11 月，乌江引水工程在几十余米长的工地上全面展开（图 15-1），6 万多农民挥锹、挑土，川流不息。为靠前指挥，谢高华将总指挥部办公室从衢州市政府大院迁到工地现场。1992 年 8 月，从渠首至龙游型园段总干渠试通水成功，引水工程在农田抗旱中发挥了重要作用。1994 年 8 月初，衢州市范围内的 53 千米总干渠全线贯通。1994 年 8 月 4 日，浙江省政府在龙游举行隆重的乌江引水工程之衢州至金华通水典礼，之后又陆续将水送到金华的 2 个县（区）。

乌引工程建成后，衢州南部农田干旱的历史从此结束，沿线农民

图 15-1 乌引工地午餐会
（摄于 1990 年 3 月）

连年受益。工程建成运行 30 多年来，已成为衢南经济发展的一条命脉，其水资源也成为衢州市招商引资、工业发展的重要优势，为衢州经济社会发展作出重大贡献。现在的乌溪江引水工程已经成为美丽景点。

"乌引"，是一座凝聚万人付出的精神丰碑，碑上铭刻着那一代人的不屈脊梁。在谢高华的带领下，数十公里长的建设工地上，有着一种强大精神力量，这种精神力量让数万人在人力、物力、财力严重不足的情况下，风雨兼程战山河、双手凿开千层岩，在浙江大地留下了"自力更生、艰苦奋斗、团结协作、无私奉献"的"乌引精神"。花甲之年依然奋斗在工程一线的谢高华，他的先进事迹体现了共产党人一心为民、敢于担当的改革精神，赢得了人民群众广泛赞誉。

三、精神不朽

谢高华曾被党中央、国务院授予改革先锋称号，并获得"义乌小商品市场的催生培育者""最美奋斗者"等荣誉。主要用于展示谢高华的生平事迹的改革担当精神传承馆位于衢州市衢江区横路办事处贺邵溪村，这里是全国改革先锋谢高华的故乡，也是谢高华改革担当精神的起源地。

　　为官一任，造福一方。在金华，谢高华促成了义乌的商业传奇和衢州兴修乌引工程，造福百姓的传奇。他始终坚持群众需求就是第一导向，开拓创新、勇于担当、兢兢业业、积极作为，始终把百姓的利益放在心头。许多衢州干部群众感慨，没有谢高华的执着努力，被后人誉为"江南红旗渠"的乌溪江引水工程很难如期完成。身为第一代改革者的谢高华曾动情说道："40 年，已经改变的是我们应该有更高的改革目标和更强的改革能力。但是，改革的方向不能变，改革的勇气不能变，改革依靠人民、为了人民的根本宗旨永远不能变！"

　　"谢高华精神"的实质就是实事求是的求真务实精神，无私无畏的创业创新精神、清正爱民的公仆服务精神。他一心为民、敢于担当的改革精神，赢得人民群众广泛赞誉，也必将引领后人承其遗志，开拓创新，敢想敢做，再创辉煌。

第十六章
星斗灿银潢

第一节　水　神　文　化

　　周雄（图 16-1），周宣灵王，又称钱塘江龙君。民间传说中为司风雨之神，旧时为钱塘江上"九姓渔民"所崇拜的民间神祇。

　　汉族民间相传其本名周雄，南宋宁宗和理宗时人。据嘉庆《西安县志》记载："生于淳熙十五年（1188 年）三月四日，三岁父逝，廿三岁时家境贫寒，母弟无以养，遂弃学经商……"经常往返于江西婺源、衢州和杭州一带，做木材生意。

　　志书上有"舟行至衢，闻母讣，哀伤而死，直立不仆，衢人异之"的描述。是讲有一日周雄忽闻母病，急忙乘船往衢州赶，待第二天午夜时分，船过樟树

图 16-1　周雄雕像

潭一里外的江边，已是鸡鸣天明。周雄在舟中忽闻母讣，遂气绝身亡，但周雄虽气绝而僵立不仆。此时，衢江翻江倒浪，似蛟龙出海，只见周雄直入江中，逆流抵至水亭门深潭中，并不停地打转，路人惊诧不已。此时，一老者认得此人为临安周郎雄也，众人忙着把周郎打捞上岸，大家闻到一股奇香弥漫，衢州百姓见此场景非常惊讶，民众认为他死后也定能保护一方水土平安，便尊他为江"水神"。周雄死后"威灵显著，水旱疾疫，祷之辄应"，故历代屡有封赠。

元至元年间（1335—1340 年），周雄被封为护国广平正烈周宣灵王，人称周宣灵王或简称为"周王"。借助孝子的名声，周宣灵王的神庙遍及钱塘江流域金、衢、严三府各县，或主祀，或配享，成为钱塘江上的水神。清雍正三年（1725 年）为保障漕运畅通而被加封为运德海潮王，从祀海神庙，成为钱塘江水系的保护神，被历代水上人家及商旅尊崇祀拜，守护着江河的安宁。其影响波及浙江、江西、安徽、江苏等省，新安江、苏州及太湖沿岸都有周雄祠庙。尽管时代变迁，但周宣灵王的信仰依然在现代社会中发挥着作用。许多水利工程和防洪设施都会参考周宣灵王的传说和故事，以期望能够为人类带来平安和福祉。此外，一些旅游景点和文化遗产也会将周宣灵王的故事融入其中，吸引游客前来参观和了解。

浙江最先出现周雄祠庙的是衢州。衢州周宣灵王庙位于衢州市柯城区下营街 18 号，庙始建于南宋嘉定年间（1208—1224 年），距今已经有 800 多年了。据《衢县志》记载：明弘治九年（1496 年）重建，内有燕室三檐，石坊一座，明正德九年（1514 年）增建，清咸丰元年（1851 年）遭兵燹，从朝京埠移入城内，后多次增建、修复，清代又经历多次重建、修复，庙内现存八块完整的明清石碑，一砖一瓦都见证着衢州的岁月沧桑。周宣灵王庙经历朝修葺，保护至今，现列为省重点文物保护单位。庙内塑有孝子周雄立像，旧时每年三月初三始至四月初八为"周王庙"会，是衢州旧城关最负盛名的庙会，俗称"三月三"。这些都成为研究钱塘江水神文化的重要资料。

第二节 塔 庙 文 化

一、宝塔文化寓意

宝塔缘起佛教，始于印度，是安放佛祖真身舍利等佛门圣物之地，以便信徒瞻仰、朝拜。衢州曾以独特的山地条件、秀丽的生态风光和开放的风气之先，成为我国佛教传播较早的地区之一，是历代佛道僧士建寺修塔传道的亲近之地，留下了大量的佛教文化遗产。衢州遗存至今的其他古塔主要修建于明清时期，多建于崇山峰顶，或建于集镇村庄的东南方位。纵观衢州古塔，形式多样、造

型优美，主要有三种类型，即佛塔、风水塔及墓塔。

佛塔，又名浮屠，最初是用来供奉舍利、经卷或法物的。有句俗话说"救人一命，胜造七级浮屠"。在漫长的历史中，佛塔早已不只象征佛教，中国佛塔更是两千年的历史回眸。位于龙游县城东湖镇下街的舍利塔就是一座佛塔，该塔系楼图式实心砖塔，六面七层，高 27.31 米，基座每面宽 2.3 米，须弥座高1.6 米，是衢州唯一一座列入全国重点文物的古塔。塔始建年代无记载，推断应在唐末宋初之际。嘉祐三年（1058 年），本地乡绅江延厚筹资对其重新修葺。塔身构造模仿木结构样式，每层每面有倚柱和佛龛，倚柱间用阑额相连，上有砖码扶壁栱二朵，转角及补间用四铺作单抄斗栱，每层皆砌出平座、柱枋、斗栱形式，每面中央设壶门式壁龛，内供佛像，龛内分别陈列铜佛、铜塔、玉佛，每层六个佛龛，内置玉佛。塔檐用菱角牙子层层叠涩出檐，起翘弧度较大，顶层檐角安铁制风铎，塔顶安铁制刹柱，置相轮六重，六角挑檐上均挂有铜铃，古塔塔顶为黄铜铸成葫芦形。该塔比例修长，每层层高与平面对径皆以相同的比例收缩，故外轮廓为圆锥体，益增修长之感。

风水塔，是随着明清时期风水学说的盛行而兴起的。风水塔从最初的佛教意味到后来佛塔的道化、儒化及世俗化的转变，创造性地将塔这种建筑和中国传统的风水观念结合起来，以表达人们趋吉避邪的美好愿望。衢州风水塔在模仿佛塔的建筑结构和形制的基础上突出了塔名、塔身上的装饰和文字表现，风水塔身上的雕饰与文字不再以宣扬佛教教义为主，而是突出风调雨顺、国泰民安、造化参笔、文光射斗、直步青云、层峦耸翠、朝晖夕阳等改善风水的意念，呈现出不拘一格和多样化的特点。衢州现存的风水塔有巽峰塔、黄甲山塔、横山塔、湖岩塔、鸡鸣塔、龙洲塔、浮杯塔、刹下塔、沐尘塔、百祜塔、凝秀塔、景星塔、凤林塔、清漾塔、峿峰塔、文昌塔、文峰塔、兴贤塔等。

墓塔，是为埋葬僧人骨灰、安置法身舍利而建造的佛塔。衢州现存两座墓塔，内藏佛经或法身偈，也称为法身塔。一座在衢江区全旺镇西山寺附近，此塔又名"普同塔""化度亭"，始建于宋端拱元年（988 年），明永乐六年（1408年）重修立碑。另一座位于江山市峡口镇三卿口村窑弄塔岗嘴的小山坞里。据塔壁题记，该塔建于明崇祯九年（1636 年）仲冬七日，系一高僧墓塔，两座墓塔形制都较小，构造简单，体现了佛教僧侣朴素的生命价值观念。

二、镇水安澜寓意

中华民族历来把治水与治国紧密地联系在一起，在与水的抗争、依存、改造和治理中，不断孕育、塑造和发展着中华民族不屈不挠、勇于奋斗、创造梦想的精神。宝塔在中国的普及兴盛中，被赋予驱逐妖魔、镇水平波、护佑百姓的寓意，常于激流湍急之大江大河沿岸而建，并结合水利工程，达到镇水驱魔、安澜护民之效用。

衢州的先人们大都从事农业生产，农耕文化绵延流长。许多地方建风水塔的积极性较高，其本意更多的是为了把农耕文化融合到古塔文化中，通过建塔镇妖避邪，安澜平波，求得风调雨顺，保证农作物年年有个好收成。坐落在杜泽镇东南方的巽峰塔，于清康熙三十四年（1695 年）建造，当初造塔的目的就是用来镇水定风，保障当地人物阜民丰，海晏河清。如今，杜泽古塔已经成为当地农耕文化的一道亮丽风景线。

建造文峰塔改善风水，让子孙后代人才辈出，是衢州古塔文化和风水文化以及镇水安澜的文化寓意的重要结合体。余绍宋编纂的《龙游县志》中提及的曹垅塔，其《造塔记文》中就记载，该塔系当地乡绅为改善家乡文风昌盛和地方风水而建。借助好风水，让读书种子云集、人才辈出，这是古塔文化被赋予的另一种新意。如果一个地方长期培养不出秀才、举人，就认为风水不好，需要堪舆家选一处山岗或者水口，建造文峰塔，希望"补山水形胜，助文风之盛兴"。百祐塔和凝秀塔构成的江山双塔，分别坐落在江山江两岸的山麓，两塔隔江相望，风姿绰约，意境盎然。两塔倒影随着明媚的阳光投射在江面上，江面上立时出现"双塔倒影"景观，无形中为江山城市增添了一道独一无二的文化美景。

三、祈福祭祀文化

庙，本义并非庙宇，而是指的祖庙、宗庙，是供奉祖先牌位、祭祀神明、先祖、圣人的场所。《诗经·周颂·清庙序》中记载说："清庙，祀文王也。"此处的庙即宗庙。古人崇尚祭祀祖先，贵族、皇族以及一般的老百姓，都有宗庙、祖庙的供奉，以表示对祖先的追思敬慕，也希望得到祖先的庇护，这是古代宗法制度的一个体现。

衢州的古庙，因山水地域环境的影响，又赋予古庙祭水，向祖先祈福，护佑百姓风调雨顺、趋吉避害、长治久安的美好寓意。

（一）孔氏南宗家庙

孔氏南宗家庙位于衢州市柯城区府山街道新桥街中段北侧，为中国仅有的三座孔氏家庙之一，素称"南宗"。衢州孔氏南宗家庙源于宋廷南迁。建炎三年（1129 年），衍圣公孔端友、族长孔传率 28 位孔族精英辞庙，挈家扈从宋高宗南渡，因功敕赐庙、宅于衢州。"宗子去国，以庙从焉，亦礼也。"近 900 年来，在孔氏大宗世袭公爵、让爵、复爵的历程中，家庙曾三易其址，俗称"州学""菱湖""城南"家庙和"新桥街"家庙。

绍兴六年（1136年），皇帝下诏，为权宜计，暂以衢州州学为孔氏家庙，并以孔氏族人人口计量赐田50亩（约3.33万平方米），免租税，供祠祀和赡养族中幼单孤寡。衢州州学位于府山西侧，圣命"权作孔氏家庙"，即衢州的首座孔氏家庙。

（二）家庙文化融合

菱湖家庙，南宋宝祐元年（1253年），衢州知州孙子秀奏请朝廷新建孔氏家庙。理宗拨款36万缗，诏建孔氏家庙于郡东北菱湖芙蓉堤，其制"略同于曲阜"。这就是菱湖家庙。

龙图阁大学士、礼部尚书赵汝腾在《南渡家庙碑记》中写道："枕平湖，以象洙泗；面龟峰，以想东山。"颇有曲阜家庙气派。除庙门外，内有庙祠亭堂八座，全部建筑225楹，围以红墙，肃穆壮观。宋景炎元年（1276年），即元至元十三年（1276年）四月十三日，兰溪人章焴率领的流寇攻破衢城，烧毁菱湖、府山一带建筑，孔氏家庙同时被毁，只存在23年。

菱湖家庙被毁后，衍圣公孔洙将孔子和亓官夫人楷木像等移至自己家里，设坛祭祀，史称"以家为庙"阶段。元至元十九年（1282年），孔子第53世孙、衍圣公孔洙让爵于曲阜族弟孔治。明永乐五年（1407年），礼部尚书胡濙过衢，命有司迁建家庙于城南崇文坊，是为城南家庙。城南家庙规模较小，第三次修葺后，仅有大成门、先圣殿、寝殿，殿前东为孔氏家塾，西为接待用房，共只建筑六座，围以红墙。明罗璟为之碑记，名《重修家庙记》。城南家庙存在113年。

明正德元年（1506年），朝廷授孔子五十九世孙孔彦绳为翰林院五经博士。明正德十五年（1520年），因城南家庙朽坏不堪，应孔子六十世孙、第二代五经博士孔承美之请求，巡按御史唐凤仪、布政使何天衢奏请朝廷，拨款将家庙移建于先义坊西安县学宫旧址（今衢州新桥街），次年落成，保留宋敕建家庙形貌，并建有孔府，占地10亩（约7000平方米）。当时诗人周文兴有诗《谒孔氏新庙》："菱角塘头迹已陈，邵阳人物树殊勋。宫墙宗庙斯文在，棫朴莪蒉圣泽存。南渡冠裳重继武，新成栋宇欲干云。翰林更有贤宗子，尤为孜孜究典坟。"这就是衢州的第四座孔氏家庙，即现在的孔氏南宗家庙。新桥街家庙建成至今已497年。明、清、民国期间，大小修葺20余次。中华人民共和国成立后，人民政府多次拨款修葺，并复建家庙西轴线、孔府、孔府花园、恩官祠、五王祠等。

（三）价值传播发扬

1996年，孔氏南宗家庙被国务院公布为第四批全国重点文物保护单位；2000年7月1日，孔氏南宗家庙全面开放，占地1.39万平方米，成现在规模；2006年，孔氏南宗家庙被命名为"浙江省廉政文化教育基地"；2020年5月，

入选首批"浙江文化印记"名单。

　　塔、庙文化既满足了人们宗教信仰的需求，又展现了古代精湛的建筑技艺。在塔庙中，人们可以感受到古老文化的魅力，也可以找到心灵的寄托。在今天的社会中，塔、庙文化依然具有很高的价值。它们不仅是历史的见证，也是文化的传承。总的来说，塔、庙文化是一种独特的文化遗产，它承载了丰富的历史和文化信息，体现了古代人们对宗教、艺术和建筑的追求。在今天的社会中，我们应当更加珍视和保护这些宝贵的文化遗产，让它们得以传承和发扬光大。

第四篇

水文化传承发展

第十七章
传承久远的南孔文化

城市品牌可以分为不同的类型，如以"世界四大古都之一"西安为代表的历史文化型、以"生活品质之城"杭州为代表的人文风情型、以"山城"重庆为代表的地理特征型、以"瓷都"景德镇为代表的资源产业型等。作为国家历史文化名城的衢州，有1800多年的建城史，在漫长的历史长河中积淀了深厚的文化底蕴，于2017年开启了以"南孔圣地·衢州有礼"为识别理念的品牌路径，明确了历史文化型的品牌定位。

第一节　南孔文化缘起

孔子是中国古代伟大的思想家、教育家与儒家学派的创始人。孔氏❶是祭祀孔子的家庙，衢州孔氏家庙（图17-1）是全国仅存的两个孔氏家庙之一，为全国重点文物保护单位。

衢州孔氏家庙素称南宗，为南宋建炎初孔子四十八世孙袭封衍圣公孔端友率族人随高宗赵构南渡后所诏建。靖康之乱后，赵构建立了南宋王朝，金兵南侵，赵构辗转南迁。金兵攻占曲阜，作为孔氏嫡裔的衍圣公，孔氏四十八代嫡长孙孔端友，负孔子和孔子夫人楷木像，带着近支族系百余人辗转随着高宗南渡定都临安，史称"扈跸南渡"。南宋期间先后承袭了六代衍圣公，政权的南北分翼，也将孔氏家族分成不同的南北宗派，衢州也因之被称为"东南阙里"，成为了"南孔圣地"。

通过南宗孔府门口纪晓岚所书"与国咸休安富尊荣公府第，同天并老文章道德圣人家"的对联，来到孔府的大堂，这里高悬着的匾额上书"泗淛同源"。

---

❶　全国共有三个孔氏家庙，除曲阜孔庙、衢州孔氏家庙外，还有一处为台北孔庙。台北孔庙最早建于明永历十九年（1665年），日军侵台后被毁。1925年，台北爱国人士200余人集会决定重建孔庙，于1939年建成。后经修葺扩充，孔庙现已恢复昔日巍峨面貌。

图 17-1 衢州孔氏家庙

"泗"指曲阜"泗水",孔子墓就在泗水河北岸;"淛"是"浙"的古体字。短短四字,象征南北同源。

宋韵文化,灼灼其华;浙西衢州,有礼之城。衢州作为南孔文化的发源地和浙江宋韵文化的重要板块,提出了"崇贤有礼、开放自信、创新争先"的新时代衢州人文精神,通过打造"南孔圣地·衢州有礼"的城市品牌等一系列举措,致力于复兴传统文脉,推动儒学的现代转化,筑牢南孔圣地的根和魂。

第二节 南孔思想影响

孔氏南宗 800 多年的发展史,就是一部具有传奇色彩的家族创业奋斗史。南孔文化在衢州的历史发展中,形成了"崇学尚礼、经世致用、义利并举、正心立行"的核心思想。在南孔文化渗透下的衢州,积淀了丰富的道德规范,蕴含着厚重的价值理念,对古今私学、教育及加强社会治理、推进道德建设、培育人才等方面产生了积极的影响。

一、私学和教育

孔氏大宗南渡后,衢州相继出现了很多著名的书院,如柯山书院、清献书院、衢麓讲舍、包山书院等。南宋时,衢州的书院数量位居全国前列。在南宋 22 所著名书院中,衢州就有两所"柯山书院和清献书院"。据教育史料不完全统计,鼎盛时期衢州书院的数量不少于 35 所。教育的重视,直接使衢州孕育出大量的著名学子,南宋至清,衢州中状元者 8 人,中进士者 1096 人,中举人者

1383 人，特别是两宋时期衢州的进士人数仅次于常州，位列两浙路第二位，在全国名列前茅，衢州的好读书之风也一直延续至今。

直到如今，自南宋遗留下来的儒家好学之风，已成为衢州一方的文化基因。南孔书屋遍布衢州全域，南孔文化更成为凝聚当代衢州中小学生家国情怀的精神纽带之一。行走于衢州的街巷阡陌，随处可见的"南孔圣地·衢州有礼"宣传标语，以漫画、公仔等形式出现在大街小巷中的卡通人物"南孔爷爷"等，都在向人们传递着这座城市最引以为豪的文化符号。

二、南孔儒风风靡

衢州历来以孔夫子之嫡裔为荣，由于南宗孔庙的缘故，千百年来，衢州市一直是儒家文化的朝圣之地，"南孔文化"也成为了衢州最独特的人文基因。1994 年，衢州凭借南宗孔庙的历史文化建筑，成为第三批国家历史文化名城。为进一步打响南孔圣地品牌，衢州成立了孔管会，建立了儒学馆，提出了"南孔圣地·衢州有礼"的城市品牌，打造了"南孔爷爷"城市卡通文创产品，开通了南孔圣地列车、航班等，南孔文化响彻四海。

在南孔圣地的金字招牌下，吸引了各地文人志士来衢朝拜，孔子后代也根据需要赴香港、北京、上海、曲阜等讲学，宣讲千年儒家思想。2004 年之后，市委市政府恢复南孔祭祀大典，不定期举办儒学文化论坛，助力省外儒学馆建设等，将南孔文化推向了一个新的高潮。

三、南孔文艺兴盛

南孔文化带动了衢州诗书礼乐等文艺方面的兴盛和发展。孔子教导弟子要学习古文献，并多次阐述学习典籍的意义与重要性。孔氏南宗族人，作为孔夫子的嫡长孙一脉，自然是诗词歌赋、琴棋书画，样样皆通。在祭祀大典的刚需下，文艺在衢州得到重视，明代规定了祭器、祭品和乐器的名目数量，并重新颁布了头释典仪式；清代颁布制造祭器、乐器式样、规格，并确定了乐章，诗书礼乐在这样的环境下不断丰富完善。同样在儒学圣地的影响下，衢州也成为了文艺兴盛之地。

自古衢州便是"江浙闽广之所辐辏"，作为赴都、往南去北的水陆交通之要道，南渡的文人、赴京的学子自然很多，而拜谒孔夫子之灵位则是必行之事，与孔氏后人会面也不是奢求之事，他们的歌颂之诗、唱和之作，极大地丰富了文坛。如元代许谦的"孔衍圣幼年能书大字，以女妻之"，明代方凤的"花下听孔生琴"，清代杜墱的"孔生传曾携其先人耕读遗照乞题，因书其事"，清代许瑶光的"过南泉岭至孟村作"等都是衢州文艺上的代表。

第三节　南孔品牌建设

南孔文化是中华优秀传统文化的重要组成部分，是衢州独有的优秀传统文化，其在区域发展、城市建设、文旅融合中有着举足轻重的战略地位。衢州南孔文化优势明显，推动南孔文化创造性转化、创新性发展尤为迫切。

（1）举全市之力打造南孔文化研究高地。推动南孔文化创造性转化与创新性发展，涵盖从学术成果出版传播到文化基因解码，再到高端学术平台打造、南北文化交流等多个方面。从浙西大地走向全国乃至全球，打造传承、传播和展示南孔文化的新高地。

（2）梳理历史典籍形成南孔文化之体系。成立衢州学院南孔文化研究中心，编纂和编撰《孔氏南宗志》《孔氏南宗家谱》《孔氏南宗史料》《孔氏南宗文献集成》等一套套藏书、卷册和研究论著，深入开展南孔文化研究，取得一系列高质量的理论研究成果，系统阐释孔氏南宗的文化内涵、人文精神与当代价值，以多元化的创新形式传承与推广南孔文化，并在传承、弘扬、普及中将南孔文化有机融入全国文明城市创建实践之中，最大程度凸显其时代价值。

（3）与时俱进传承发扬和创新南孔文化。从学术研究走向更广泛人群的传习，正在为南孔文化的传承创造出更多的可能性。依托孔氏南宗家庙和中国儒学馆资源优势，积极开展形式多样的南孔研学活动，面向中小学生、大众、国际友人等不同群体开设特色课程，组织丰富多彩的研学活动。

（4）形成深度挖掘诗路文化建设重要抓手。文化基因解码是衢州市"用"好南孔文化元素、打造文化标识的一项先导性工作。截至2021年年底，衢州市已梳理南孔文化元素154个、解码南孔文化20项，并形成南孔文化基因解码报告、基因图谱等一系列成果。其中，包括南孔祭典、大宗南渡在内的4个项目被省文旅厅评为全省优秀解码项目，以南孔元素带动钱塘江诗路建设在衢州的亮点和特色，全面展示南孔文化和诗路文化的核心内涵。

第四节　擦亮城市品牌

近年来，衢州将南孔文化作为城市文化"金名片"重点打造，写入《衢州市国民经济和社会发展第十四个五年规划和二〇三五年远景目标纲要》，并出台《关于高质量打造文化高地金名片的实施意见》，明确举全市之力打造南孔文化。

近年来，衢州针对6个县（市、区）不同地域特色，持续推出全域化的

"有礼"品牌，构建了"衢州有礼·运动柯城""衢州有礼·康养衢江""衢州有礼·天下龙游""衢州有礼·锦绣江山""衢州有礼·慢城常山""衢州有礼·根缘开化"城市品牌"矩阵"，着力放大品牌集聚效应。衢州市将南孔文化精神与城市定位、发展愿景相结合，提出了打造具有人文情怀、时代特色的"南孔圣地·衢州有礼"城市品牌，让"有礼"贯穿南孔文化的历史、当下和未来。

随着文化在城市发展中的作用日益凸显，衢州市加强文化产业建设，逐步形成以南孔文化为魂，数字文化产业为核心，工艺美术、文化旅游、研学教育等为辅的现代文化产业体系。作为浙皖闽赣四省边际中心城市，衢州持续推动改革开放打开新局面，全面融入长三角一体化发展，"融杭联甬接沪"深入推进，成功加入杭州都市圈，新建杭衢高铁，打造山海协作升级版。浙皖闽赣国家生态旅游协作区生态条件优良，旅游资源丰富，文化底蕴深厚。在历届"南孔文化"高峰会议或各种活动中，作为四省边际中心城市，衢州区位优势明显，南孔文化和旅游产业发展潜力大，消费市场广阔。

截至2021年年底，以南孔文化为核心的儒学文化产业园已有文化企业691家，占企业总数的60%，园区文化产业集聚效应初显。其中根雕产业集群极具特色，在衢州醉根艺品有限公司等龙头企业的带动下，目前各类根艺生产企业已有30多家，从业人员近3000人，年产根雕作品超过30万件，产值达3亿元以上，形成了浙江最大、全国知名的根雕产业集聚地。

今日衢州，正在形成礼敬自然、礼敬历史、礼敬社会、礼敬未来的浓厚氛围，形成以礼化人的社会环境，"崇贤有礼、开放自信、创新争先"的新时代衢州人文精神因此应运而生，高质量发展的精神文化动力更加磅礴。

第十八章
源远流长的治水文化

信安湖位于钱江源头生态环境一流、文化底蕴深厚的国家历史文化名城衢州，信安湖因水而兴，因水而美。自古以来，这里的人们傍水而居，依水而存。

从大禹治水到新时期治水，信安湖治水跨越几千年，留下了丰富多彩的历史遗迹和治水文化，悠久的治水历史，积淀了丰富的水文化资源，在信安湖治水历史长河中，留下浓墨重彩之笔，为民造福无数，同时也作为衢州生态、文化、景观的金名片，让250多万衢州人为之自豪，给众多外来游客留下了美好的印象，以水利建设带动水利兴民，信安湖走出了别样的风采。

第一节　古代治水推动农业发展

远古时期，人们为了满足生活用水选择依水而居。古代衢县由于地理位置、水资源空间分布不均、作物生长不调等原因，人们开启了借助水利设施实施人工灌溉和排水排涝的时代。拦河筑坝，开渠引水，灌溉农田，供给人们生活用水的堰坝逐渐形成，数十座古堰坝构成贯通府城南北的供水"大动脉"，对经济发展和社会文明起了重要作用。随着现代经济社会的发展，科学技术的进步，有的已经被水库、塘坝代替，有的至今仍在农田水利上发挥着重要作用，久用不衰。

新中国成立前，兴修防洪堤坝经费大多依靠摊派和募捐，截至1949年，县境内有大小防洪堤坝153条，总长43公里，这些堤坝大都是石干和砂研石筑而成，农业用水和生产生活用水得到保障。

新中国成立后，政府十分重视河道治理和防洪工程的修建加固，每年拨出资金，发动群众在衢江及各溪流危险地段，整修和新建防洪堤坝，至20世纪50年代末，全县已修筑大小堤坝103处，60年代在江两岸修建较大防洪工程11处。此外，还在河流山谷地段建造水库拦蓄洪水，共建成大、中型水库3座，小型水库124座（含十里丰），山塘346座，控制流域面积2873平方公里（其中县境内 861 平方公里）。衢江干流主要建成樟潭防洪坝（城防工程）、缪家防洪坝、倒坑缺防洪坝、松旺防洪坝"三江"治理工程、欧塘坝、沈家防洪坝等，防洪排涝能力不断提升，农业灌溉饮用水等得到保障，同时极大程度保障了人民生命财产安全。

第二节　乌引治水打通三衢命脉

衢州地形地貌较为复杂，每逢盛夏之际，受地势阻隔，台风难以深入境内，因此成为旱情的高发地，历代治水大大改善了水利条件，但受财力和水资源的限制，没有从根本上解决南部干旱问题。为彻底解决这一问题，1988 年 12 月，衢州市委和市政府决定成立衢州市乌溪江引水工程总指挥部，谢高华兼任总指挥，开展长江以南规模最大的"乌溪江引水工程"，即乌引工程。

乌引工程是在黄坛口水库拦江筑坝，通过 83 公里渠道，横跨衢州、金华 2 市 5 县。其中，衢州段 53 公里渠道。

乌引工程是长江以南规模最大的引水项目，工程自 1989 年动土兴建，1994 年 8 月衢州段全线通水。工程拦截乌溪江，飞越灵山江，横跨金衢盆地 10 条大溪，洞穿 18 座大山，总干渠达 82.7 千米，每年可向灌区供水 9000 万立方米，滔滔江水灌溉柯城区、衢江区、龙游县等 11 个乡（镇），它的建成从根本上解决了衢州南部地区 55 万亩农田严重干旱缺水的问题。

乌引工程灌区作为全国大型灌区，自建成运行 30 多年来，灌区累计引水量达 25.8 亿立方米，乌引工程已成为衢南经济发展的一条命脉，集农业、工业、生态、发电、旅游和城镇生活用水于一体，其水资源也成为衢州市招商引资、工业发展的优势，为衢州乃至浙江经济社会发展作出重大贡献。因工程建设而形成的"自力更生、艰苦奋斗、团结协作、无私奉献"的乌引精神也响彻在衢州大地，激励着衢州人民拼搏奋进。

第三节　五水共治撬动两山杠杆

2013 年，衢州积极响应习近平总书记到本地考察调研，提出的关于"保护环境就是保护生产力，保护一方青山绿水就是发展""一定要把钱江源头的生态保护好""努力把生态优势转化为特色产业优势，依靠'绿水青山'求得'金山银山'"等指导意见，坚持发展的科学定位和"决不把污泥浊水带入全面小康"的要求，大力开展五水共治工作，按照"一年治黑臭、两年可游泳、三年成风景"的目标步骤，掀起了轰轰烈烈的治水攻坚战、长效战、保卫战，并以铁的决心、铁的信心、铁的政策、铁的方法、铁的纪律"五铁"治"五水"，逢山开路、遇水架桥，先后创新建立了以党政"一把手"主抓的高位推进机制、"动真碰硬"的严督实考机制、"以点带面"的示范引领机制、"全民参与"的社会监督机制、"天眼执法"的智慧监管机制，全方位推动治水工作走深走实。

通过五水共治，信安湖流域水质和水环境面貌发生了巨大的变化，出境水质常年稳定保持在Ⅱ类以上，并进入全国第一方阵，兑现了向省委、省政府和全省人民许下的"钱江源头筑屏障，一江清水送下游"的庄严承诺。衢州市多次在省市五水共治考核工作中获得优秀，并九获"五水共治"工作"大禹鼎"奖；目前，乌溪江水资源保护与利用成果展示馆被授予第二批浙江省"五水共治"实践窗口。同时，信安湖清廉文化馆也被衢州市治水办列为2023年省级"五水共治"实践窗口创建点，向全国展示了扛起源头担当的样本和成果，展示了信安湖风采（图18-1）。

图 18-1 信安湖

第四节 信安治水带动水利兴民

信安湖聚焦河湖治理，积极响应浙江省"美丽河湖""幸福河湖"建设，持续加强河湖建设，实现了由"脏"到"净"、由"净"到"清"、由"清"到"美"、由"美"到"富"的持续蝶变，展现"信安城水融合"富美格局。

信安湖多次明确"打造山水融合生态宜居城市"，进一步优化空间布局，实现生产空间集约高效、生活空间宜居适度、生态空间山清水秀。随着衢州水资源得到了进一步治理、保护和利用，以"水"为品牌的衢州亲水旅游正逐步走进大众。"今夏到衢州亲水游"系列活动等一一展开，游水、亲水、戏水、漂流、垂钓、赛龙舟等运动休闲项目如火如荼；此外信安湖相继开展万人畅游浙江源、主题摄影比赛、中华旅游名博衢州行等系列活动，持续带动水经济增长，打开"两山"价值转化通道，推动经济复兴和城市发展。

新时期、新阶段，信安湖全面贯彻习近平新时代中国特色社会主义思想，苦干实干、不懈奋斗，围绕"安全、生态、宜居、富民、智慧"多维角度，加快构建全域幸福河湖水网格局，坚持一张蓝图绘到底，以水利为引领，协调交通、住建、资规、环保等部门，实施流域治理的同规划、同建设，合力实行水岸同治、全流域截污纳管、全覆盖落实河长制等组合拳，整合流域内山、水、林、田、湖、草等特色资源，把治水行动作为每年的政府重点工作，关联为民办实事任务。此外以水系治理为引领，维护河湖生态形态和功能，构建完善的江河防洪减灾体系，科学有序地开放河湖空间，实现滨水带发展与城市、乡村发展格局良好互动，为产业发展提供平台空间，有力支撑流域经济社会高质量发展，促进经济社会平稳健康发展，实现富民强区。

第十九章
积淀深厚的古渡文化

千年古埠，择水而栖。

信安湖位于衢州市核心区，是三江两港交汇地，这里河通水畅、水域广阔，故而成为浙西乃至南方水上交通枢纽的要塞。因水的关系，古渡应运而生。衢江两岸古渡众多，《衢州府志》记载，衢江干流支流古之渡口有 103 个。古渡不仅成为交通要道的重要组成部分，更细致地反映了这里的历史、经济、文化和社会生活，促进了衢州地区的经济文化交流，形成了独特的古渡文化。

信安湖区古渡文化，见证了衢州城市发展的变迁，见证了古今商业交通繁荣景象，体现了古代人民的智慧和创造力，承载着丰富的历史文化内涵，在母亲河衢江两岸熠熠生辉，独具特色。

第一节　古渡的历史发展

追溯古渡文化，其历史渊源悠久，早在东汉末年，就有渡口出现在衢州地区。当时，由于战乱等原因，北方人口大量南迁，带来了丰富的文化底蕴。在交通不便的情况下，人们为了越过河流，开始修建桥梁，从而形成了古渡。古渡建设逐渐兴起，渡口成为了人们跨越江河、交流物资的重要场所。随着历史的演变，渡口逐渐发展成为商贸往来、文化交融的重要节点，古渡文化随之产生，并逐渐发展成为衢州地区的一大特色，成为连接城乡、促进经济发展的重要交通枢纽。

唐代时衢州古渡文化得到了迅速发展。作为重要的水上交通枢纽，衢州吸引了大量的商人和旅客，成为江南地区重要的商业中心。古渡不仅成为了交通要道，还是文化交流的重要平台，诗人杜牧、王之涣等都在衢州的渡口留下了许多脍炙人口的诗篇。至宋代，衢州古渡文化达到了巅峰，其商业交通的繁荣程度可以与当时的杭州相媲美。古渡附近形成了繁华的市井，商贾云集，各种文化在此交融碰撞，使得古渡文化愈发丰富多样。明清时期，衢州古渡文化进一步发展，古渡的数量和规模都有所增加。此时，古渡已经成为了衢州地区经济、文化交流的重要纽带，对于促进当地社会的发展起到积极作用。

在历史演变中，衢州古渡文化不断融合吸收其他地区文化，形成了具有地方特色的古渡文化，表现在以下方面：①历史悠久、积淀深厚。可追溯至东汉末年，距今已有1700多年历史。各式各样的渡口传承了衢州地区的历史文脉，体现了衢州人民的智慧。②分布广泛、类型众多。据统计，全市共有古渡百余个，分布于衢江、江山江、常山江等河流，类型丰富，在设计、建筑风格和功能上各有特点，充分体现了古代工匠的智慧和技艺，在功能上满足了衢州市日常生活交通所需，在经济上促成了旧时衢州四省通衢的繁荣昌盈。③内涵丰富、不断创新。衢州古渡文化包含航运、商贸、民俗、历史、宗教等多方面内容，与当地的历史传说、民间故事密切相关，承载着当地居民的信仰和民俗活动，是民间文化传承的重要载体。在当代，衢州古渡文化依然具有一定的传承性，同时也在不断创新，焕发出新的生机。

第二节　古渡带动商业繁荣

古渡与商业交通之间存在着相互影响的关系，古渡兴盛繁荣带动了商业交通的发展，吸引了大量的商人和旅客，从而促进了当地经济的发展，商业交通的发展也为衢州古渡文化的传承和发展提供了条件。

衢州水路，唐宋已畅达，明清时已成规模：以衢城为中心，上行江山、常山、开化，可抵皖赣，接滇黔；下行龙游、兰溪，可通温、越、明、秀、处、婺诸州，经京杭大运河连北方诸省。古渡将水上航线连接起来，从浮石潭向东为石鼓潭，下游为樟树潭，东西向沿江十余里的信安湖范围，形成了衢州最美风景线。衢江上较有名的渡口有唐贞元年间设的盈川渡、南宋时的招贤渡和安仁渡、龙游上塘渡、开化华埠渡等。较为出名的码头则有江山清湖码头、龙游驿前码头、龙游茶圩码头等。而在衢州城里，旧时有柴埠头、杀狗码头、盐埠头、中码头、朝京埠、德平埠、浮石埠等。简单直白的名称，指向的却是一座小城因水运而被推向史无前例的大繁荣。

史书记载，浙盐行销四省，其中赣省广信府（今上饶）七县食盐均通过衢江水运至常山起岸，转陆运到玉山分销。民国时期，衢州客货运输仍依赖水运，当时衢州水亭门外、沿江一带，桅杆林立，大小船筏穿行如织；码头附近店馆鳞次栉比，白天熙熙攘攘，夜间灯火通明。1949年，衢州辖区内共有木帆船2690艘，吨位13182吨。1949年初期，衢江水运在输送粮食、木材、柑橘、煤炭、毛竹、柴炭、麦秆等大宗土特产方面发挥了极为重要的作用。

衢州渡口（图19-1）地处交通要塞，连接了江、浙、闽、赣等地，为商业贸易提供了便捷的交通条件。商业交通的发展使得更多的人流、物流和信息流涌入衢州古渡地区，既为衢州古渡文化的传承、发展和传播提供了有力的支持，也为衢州古渡地区的经济社会发展带来了巨大的机遇和潜力。

图 19-1　浮石古渡

第三节　古渡蝶变载运民生

平波涨绿春堤满，渡口人归晚。古渡为衢州的城市经济发展添砖加瓦古已有之，如今古渡的升级复兴，不仅助推产业结构的升级，还是"渡环境""渡产业"和"渡发展"的"渡民生"工程。近年来，衢州市高水平推进港航主动出击、自动加压，以美丽渡口创建积极响应"现代交通示范区"和"交通强国"建设要求。将渡口、渡船改造提升与群众便利出行、平安交通、运输提质相结合，进一步全面提升渡运公共服务水平，最大程度消除交通安全隐患，增强群众出行获得感、幸福感和安全感。

（1）"渡"美丽环境。舟行碧波上，人在画中游。这是浙江建设美丽渡口后，很多人对渡口的第一印象——环境美。走进信安湖，江水悠悠，岁月滚滚，信安阁码头、水亭门码头、樟潭古渡等一排排渡口水岸，整洁的环境、清晰的警示标识、具有景观和文化特色的休息亭让人眼前一亮。

在深化渡改的基础上，信安湖区大力实施美丽经济交通走廊建设，实施美丽渡口、美丽渡船、美丽航道、美丽航区和平安港航"组合拳"建设，美丽渡口让涉渡群众出行实现了"画中游"。

如今的信安湖，渡口绿意盎然，景观唯美，举目如诗如画的山川与水路，云雾缭绕，怡人的风景和整洁的渡口交相辉映，完成了古渡今景的完美"蝶变"。

（2）"渡"美丽产业。渡口转型发展的成效并不仅仅体现在周边风景的美化，由此带动的产业发展让其实现了由表及里的"美丽"。

在水亭门码头，渡船早已在时光的流转中不见了踪迹，但沿街的商铺、古老的城墙，历经沧桑，很好地保留了下来。多年来，在衢州当地的开发保护之下，这些古老渡口的历史遗存，焕发出新生机，历史博物馆、研学实践基地、码头边上的古建筑也有了身份。每天，市民们迎着江风的拥抱，开始在城墙前的广场上晨练、跑步，旅客们也赶来这里打卡参观，让这里成了衢州最知名的旅游景点。

水亭门码头仅仅是信安湖中码头中的缩影，信安湖以美丽渡口为载体，创新开展"古渡"航线建设，通过全线提升，打造江景融合"美丽渡"；科学布局，打造群众出行"便捷渡"；畅通惠民，打造乡村振兴"致富渡"。主动把渡口建设融入当地"乡村振兴""城市发展""美丽大花园"建设当中，通过打造"美丽渡口＋"活动，全面提升渡运条件，全力确保渡运安全，全速促进区域经济发展。

（3）"渡"美丽民生。让百姓人人"坐上舒心船、搭上平安渡"，是美丽渡口这项民生工程的创建初衷，也是最终目的。

为了更好地传承和发展古渡文化，衢州市政府采取了多种措施，如加强文化遗产保护、推广旅游品牌、举办文化活动等，不断提高古渡文化在社会中的认知度和美誉度。同时，也在不断创新和拓展古渡文化的内涵和表现形式，使其更加符合现代社会的需求和发展趋势。

2020年5月18日，"衢州有礼号"游轮靠泊水亭门码头，"杭衢钱塘江诗路之旅"正式启动，年内总共试运行了5个航次。当年10月，杭州运河集团正式获批经营杭衢游轮航线，杭衢游轮填补了衢州水上游轮产品的空白，丰富了250多公里钱塘江美丽航道内涵，为万里美丽经济交通走廊建设注入新动力，为浙江省美丽大花园增添了新活力，为衢州全面融入钱塘江唐诗之路文化建设工程，推进"衢州有礼诗画风光带"建设提供有力支撑，为实现衢州人民"一江清水送杭城，一艘游轮到衢州"的梦想打下了坚实基础。

第二十章
繁盛千年的古府文化

第一节 衢州古府的历史变迁

城池是中国特有的人文景观，是城市的缩影。衢州是一座历史文化名城，古城位于衢江之滨，共分峥嵘镇和鹿鸣镇两部分，是衢州历代县治和府治的所在地。

衢州府城历史悠久，明弘治《衢州府志》云："今龟峰之城亦不知其初建。州人相传，先址土墙而已。"城池建于何时，史志均无明确的记载，尚难以确定，但比较统一的说法是唐以后衢州才正式建筑了砖石城墙。明嘉靖《衢州府志》云："唐武德四年（621年）置衢州建郡治"。唐崔耿《女楼记》云："衢之城成于龟峰峥嵘岭上"，说得亦十分肯定。所以可以断定，衢州城墙的初建，其时当在唐武德四年建郡治之后，其址当以龟峰、峥嵘岭为中心。自此以后，城墙历经修筑、扩展，形成保留至今的古城墙。

唐武德四年（621年）尉迟敬德奉高宗之命分婺州（今金华）置衢州，在衢江畔建设城池，初时城中有起伏小丘数座，居高临下，适于防守，城外还有大片土地，宜作良田，供城粮草，可见此处是建城最佳之处。始建城时，周边居民皆迁入城圈，并协作建城。当时军民合力日出而作，日落而息，竭力造城。

宋宣和三年（1121年）郡守高至临，始在六门之上建设城楼，挖城内河，并开凿城壕，引乌溪江之水环之，自此衢州便有了护城河，水环北、东、南三面皆通衢江，因而船只可入航城池，进水门洞，到达城中各处，这些使衢州城防进一步完善。

元至正十五年监郡伯颜忽都，沿城旧址，修复年久残败的城墙，共修五百余步，并在北门、东门、大南门和小南门外包以月城。以六门之上再建城楼，使六门焕然一新。此次建设使府城有了完备的城和池。

明天顺年间（1457—1464年），曾短时间内封过朝京门（水亭门），并在城西北角文昌阁开挖西安门，自此衢州六门就有了第七个门，此后明清时期又修葺城垣百余次，由此奠定了铁衢州的基础。

衢州府城一直是保护完好的城防，1916年以前还曾对城墙进行修葺，而第一次的破坏就是在民国时期，当时的县长叫王超凡，首次拓宽上下街，新城门就是在他手上打开的。

衢州府城从那以后就进入了20世纪的时代变迁，之后由于五六十年代大搞农业、大兴土木，衢州府城遭到了大规模的破坏。

第二节　千年府城的文化繁荣

衢州古镇文化的繁荣，源自其得天独厚的地理位置和丰富的自然资源。作为连接东南沿海与内地的交通要道，衢州不断吸引着各地商贾、手工艺人和文化人士。这里市集繁华，手工业兴旺，尤其以丝绸、茶叶、陶瓷等商品闻名。古镇的商业活动不仅促进了物质文化的交流，更加深了文化艺术的交融。

衢州的建筑风格是其千年古府文化的重要组成部分。走在衢州的老街上，可以看到徽派建筑与浙江地方特色相结合的建筑群落，青石板路、马头墙、粉墙黛瓦，无不透露出浓郁的古韵，建筑风格独特，砖雕、木雕、石雕等艺术形式丰富多彩。这些建筑不仅承载着历史的痕迹，更是对古代工匠技艺的传承和展现。

古镇的文化底蕴也十分深厚。这里有许多历史名人，如孔子弟子颜回、大诗人陆游等。谢灵运、白居易、孟郊、苏东坡、陆游、徐霞客、曾几、贯休等历代文人都为衢州写下了名篇佳作；徐安贞、赵抃、徐徽言、叶秉敬、杨继洲等衢州籍名人也为家乡谱写了瑰丽的历史篇章。他们的故事和遗迹，为古镇的文化氛围增色不少。

除了物质文化，衢州的非物质文化遗产也同样丰富。如衢州传统戏剧、民间文学、传统技艺、民俗等，都是流传千年的珍贵文化艺术。这些非物质文化遗产不仅丰富了当地人的精神生活，也成为衢州文化的重要标志，吸引着国内外游客前来探索和体验。

衢州古镇的繁盛还体现在对传统节庆的庆祝上。每年的传统节日，如春节、元宵节、端午节等，衢州都会举办各种民俗活动，如舞龙舞狮、放灯会、赛龙舟等，展现出浓郁的地方特色和民间风情，此外衢州人还过立夏、冬至、六月年、麻糍等节日。

衢州作为千年古镇，其繁盛的文化不仅体现在历史的深度和建筑的美学上，更蕴含在生活的点滴和民俗的传承中。在现代化的进程中，衢州古镇文化得到了保护和弘扬，成为连接过去与未来的桥梁，让更多人了解和欣赏这座城市的历史魅力和文化价值。

第三节 古城复兴的融合共生

古镇不仅仅承载着千年的历史和过去的记忆，更是文化的传承和现代生活的融合体。在现代化浪潮中，商业化和文化遗产保护之间的平衡成为了古城镇发展的一大动力，但这也带来了诸多挑战。衢州市努力平衡保护和开发，使古镇文化适应现代社会的需求，使其在城市复兴中发挥重要作用，实现城市与历史的有机融合。

近年来，衢州市在保护水生态环境前提下，极大地尊重历史文脉和水文化遗产的保护，以不破坏古镇的历史风貌和文化内涵为原则，对千年古府衢州市信安湖范围进行建设和提升，并有策略性地规划商业活动，达到既能保护好千年古府文化，又能促进地方经济发展的双赢局面。

如今的千年古府衢州城（图 20-1），塑造出了鲜明的城市个性，寻求差异化、品牌化城市建设之路，打造水岸古府的提档升级，通过深入挖掘和传承古镇的文化内涵，发展具有地方特色的高端旅游产品，以及高黏性的旅游体验，满足现代游客多元化、个性化的需求。2006 年 6 月，衢州府城正式被国务院核定公布为第六批全国重点文物保护单位，衢州府城是中国东南重镇的实物依据，是研究府城一级城池格局、规模等方面的实物标本。

图 20-1 衢州古城

此外，水系是衢州市的灵魂，因而在保留传统古城遗迹风貌的基础上，衢州市还推进水文化挖掘和动能转换，推动文创产业和城市发展，将千年府城打造为文旅融合发展的典范，释放出巨大的消费潜力。

日前，衢州市信安湖范围古府核心区，通过整治行动和旅游开发的结合，不仅重现了古代的繁华面貌，结合新时代现代化建设和高质量发展定位，还为游客提供了一个了解和体验衢州文化的窗口，满足了游客体验性、个性化及多样化的旅游需求。千年古府衢州已经成为连接历史与现代、城市与乡村的文化桥梁，并成为文化交流和旅游体验的热点。

随着古镇风貌的全面提升和游客数量的显著增长，历史悠久的乡镇正在焕发出新的经济活力。如今的衢州古府城，传统文化不是静态的展览，而是活态的传承。各种传统文化和手工艺品逐渐成为明星产品，店内的作坊体验活动，深受游客欢迎，成为游客离开时必备的纪念品。在新经济的推动下，以互联网直播的新模式展示传统制作工艺，将文化和产品推向了更广阔的市场。

更重要的是，传统文化孕育出了新的业态，汉服体验、国学教育、古韵茶吧以及融合创新的文创产品，都为古镇注入了青春的活力和新的经济动力。可以预见的是，未来衢州将以古城信安湖区为中心，整合周边的自然资源和文化旅游资源，通过点、线、面的结合，推动文化和旅游业的深度融合。

第二十一章
词华流光的诗路文化

第一节　衢州有礼，诗源钱江

　　一条钱塘江，从远古奔流至今，微醺了数千年的江南水乡，孕育出两岸数不尽的繁华。一带碧水衢江，沿岸官渡商埠此起彼伏，乘着小舟、船只，商人来了，诗人来了，画家来了，吟诵出诗情画意，勾勒出城的繁华。东南阙里，南孔圣地——衢州，一座有诗、有礼的城市，转眼几千年，历经风雨沧桑洗礼，遗韵犹存，古风不变，词华流光，诗路长兴。

　　建设诗路文化带，是打响"诗画浙江"和"诗画衢州"金名片的重要载体。2018 年年初，浙江省政府工作报告指出，要"打造浙东唐诗之路和钱塘江唐诗之路"；同年 6 月，在全省大花园建设动员部署会上，时任浙江省省长袁家军提出："以水为纽带，打造浙东唐诗之路、钱塘江唐诗之路、瓯江山水诗之路、大运河（浙江段）文化带。"2019 年 12 月，省政府办公厅印发实施《浙江省诗路文化带发展规划》，在全国率先探索提出打造"四条诗路"，串联浙江文化精华，串联浙江诗画山水，串联浙江全域发展。

　　钱塘江是一条诗情画意的水上画廊。在唐代，浙西山水成为唐朝 100 多位诗人"壮游吴越"的必经之地，留下了 500 多篇脍炙人口的诗篇。钱塘江诗路以名城名学名江名湖和钱塘海潮为主要载体，以"风雅钱塘，诗意画廊"为文化形象，挖掘彰显诗风雅韵、宋都遗风、西湖印象、潮涌文化、南孔儒学、千年古城等文化内涵；以诗路古城为重点，持续擦亮严州古城、婺州古城、兰溪古城、衢州古城等 38 颗诗路珍珠，精品化打造古城品牌旅游线路、水上诗路旅游线路、生态康养旅游线路等精品游线。

　　信安湖作为钱江源核心区，是衢州诗路的集大成者，有着四省通衢文化积淀，是钱塘江诗路文化带和"诗画浙江"大花园最美核心区，承载着推动钱塘江诗路文化带向中西部邻省拓展的使命。近年来，衢州以"南孔圣地·衢州有礼"为城市品牌，统筹推进诗路文化带建设，精心打造钱塘江诗路精华段，生动讲述有诗有礼的衢州故事。

第二节　文化为魂，旅游融合

文化是旅游的灵魂，旅游是文化的重要载体。近年来，衢江区诗路文化与旅游融合发展进展迅速、成效明显。

首先，把当地诗路文化资源转变为游客能够体验到的旅游产品。如具有山水人文之美誉的钱塘江诗源地建设，修复唐诗宋词古驿道，推出"诗画信安湖"水文化长廊、马金溪百里金溪画廊、宋诗之河常山港、信安湖水岸衢州诗路带建设、衢江下游先秦文化及姑蔑古国诗路带建设，走出一条诗路文化"从物化、活化到产业化"的道路。

其次，通过诗路文化构建具有鲜明地域特色的文化产业体系和充满活力的新型旅游产业体系。聚焦南孔圣地文化旅游区，陆续编制《衢州市历史文化名城保护规划》《北门街区保护规划》《衢州市城墙保护规划》《衢州市历史文化街区保护管理办法》等规范，强化规划引领和立法保护，明确以古城垣为主脉，突出以南宗孔庙为代表的文物保护单位，联合水亭门、北门两大历史文化街区，形成点、线、面有机联系的历史文化名城整体保护格局。

此外，创新诗路文旅融合形式。通过名山名水养生游、古道古驿寻踪游、诗人名流遗迹游、古镇古村探访游、古刹名观休闲游、非遗项目展示游、民俗风情体验游等多种文旅融合形式，建立各种旅游特色景点、风情小镇、风情村；基于各种传统工艺、传统艺术、特色戏剧、民俗风情等非物质文化遗产，构建具有鲜明地方特色的诗路文化品牌；通过筑巢引凤、招商引资，依靠社会力量、引进外来资本，同时完善诗路文旅结合项目融资担保机制，建立产权抵押贷款风险办法，探索诗路文旅结合项目贷款保险制度；充分利用民间博物馆、艺术馆、文化遗址、非遗风俗文化平台等公共文化场所和古镇、古村、名楼书院等传统文化空间，打造一批诗路文化演艺品牌、非遗景区、文博景区和诗路文创基地。

围绕好听、好看、好玩、好吃的"四好衢州"建设，衢州设计、打造了一批具有代表性、影响力和发展前景的景点、产品、活动和品牌，通过三年的努力，将别具一格的文旅项目打造成了独具浙江印记、代表浙江形象的文旅"金名片"。

第三节　诗画衢州，共富明珠

文化是打开"两山"转换通道的金钥匙。近年来，衢州市大力开展钱塘江诗路建设，坚持文化为魂，深入挖掘文化宝藏，把人文与自然、文脉与山水、遗产与景区、浙学文脉与现代成果等有机组合，在山水人文中擦亮"千里钱塘江诗路"耀眼明珠，打造钱江源诗画山水图。

一、全域一体，高标准建设衢州钱塘江诗路文化带

多规融合强引领。通过编制《衢州市钱塘江诗路文化旅游带规划》《"衢州有礼"诗画风光带概念性规划》《"衢州有礼"诗画风光带市级示范段 26 公里景区化改造控制性规划》等系列规划，构建多规融合引领诗路建设的发展格局。

项目支撑强示范。谋划实施衢州历史街区风貌衔接工程、鹿鸣山文化院街、灵鹫山旅游度假区等一批钱塘江诗路文化带建设项目，推进建设大荫山飞越丛林探险乐园、中国运动汽车城、飞鸿神网谷等一批大型文旅体融合项目，打造国家森林运动度假区。

联盟发展强保障。联合黄山、南平、上饶三市编制《浙皖闽赣（衢黄南饶）"联盟花园"旅游交通概念性规划》《"联盟花园"打造世界级生态文化旅游目的地实施方案》等，力争把"联盟花园"打造成跨省域旅游协作先行区、美丽经济幸福产业集聚区、美丽中国"两山"转化窗口区，成为特色鲜明的国家级旅游休闲城市群和世界级生态文化旅游目的地。

二、弘扬南孔文化，塑造"衢州有礼"品牌优势

依托南孔文化底蕴，构建"南孔圣地·衢州有礼"城市品牌，挖掘衢州"开放、包容、多元、和谐"的人文之源，塑造对自然有礼、对社会有礼、对历史有礼的"有礼"形象。

对自然有礼。推进美丽衢州建设，树立"山水林田湖草是生命共同体"理念，出台实施江河流域生态修复和生物多样性保护行动方案，实施四大森林、五彩衢州、"一村万树"等森林衢州建设重大项目，推进绿道建设，力促实现省级绿道主线贯通。

对社会有礼。推动品牌打造和城市建设深度融合，明确城市品牌元素使用规范，将"有礼"融入城市环境、市民素质培育、基层治理和营商环境中。打造"有礼"地标空间体系，市内统一设置标识 21 万余处；推动"有礼"社会风尚，出台《衢州有礼市民公约》等，构建"有礼指数"测评体系；厚植"礼治"基层治理理念，推动"千村修约"，将"行作揖礼"等有礼行为写入村规民约和居民公约。

对历史有礼。聚焦挖掘弘扬，强化规划引领和立法保护，推动南孔文化复兴。

成立衢州南孔文化发展中心，举办祭孔大典、南孔文化季系列活动；打造

南孔文化国际研学基地，推动南北孔子文化交流和多领域文化交流合作；推进历史文化街区保护立法工作，开展历史文化名城、名镇、名村、街区保护规划修编。

三、依托诗画风光带建设，迈出实现共富衢州步履

依托全长 280 公里、覆盖 1000 平方公里的"衢州有礼"诗画风光带，撬动特色资源"串珠成链"，构建美丽经济幸福产业发展致富带。

统筹保护与开发。坚持规划先行、高标准高水平谋划、保护优先，不搞大开发，凸显"自然味、农业味、乡村味"。

串珠成链奔共富。重点擦亮衢州古城、烂柯山、江郎山、钱江源、衢江、常山江、东坪古道、仙霞古道、开化根缘小镇等 9 颗"珍珠"。围绕"人本化、生态化、数字化，依靠原乡人、归乡人、新乡人，通过造场景、造邻里、造产业，实现有人来、有活干、有钱赚，体验乡土味、乡亲味、乡愁味"五个三核心要义，推进未来乡村连片发展。

构建诗画风光带硬支撑。以美丽经济幸福产业为重点，高质量谋划推进项目建设，形成诗画风光带建设的"新硬核""新支撑"。

第二十二章
信安湖文化创新发展

习近平总书记在文化传承发展座谈会上强调："在新的起点上继续推动文化繁荣、建设文化强国、建设中华民族现代文明，是我们在新时代新的文化使命。"

第一节　信安湖水文化创新之路

东南阙里，儒风浩荡；信安湖畔，文风蔚然。

"信安"之名，因衢州古称信安郡而得名，取"信义、平安"之寓意，寄托着当地百姓对这一城市灵秀之地的美好愿景。衢州是国家级历史文化名城，衢州古城是浙江省古老十一府中保存较为完好的古城。信安湖的"前世"为衢江。一湖一城，擦亮了水韵衢城的文化底色。

信安湖的创新发展，从一个水利工程开始。2006年年底，衢州市塔底水利枢纽建成蓄水，衢江城区段由此形成一个人工湖，因衢州旧称信安郡，得名信安湖。一个湖与一座城的羁绊，早在命名之初，便已牢牢维系。信安湖的诞生，彻底改变了衢江上"潦则盈、旱则涸"这一"看天给水"的窘境。依靠水利部门对上下游水利工程的综合调度，城区水位得以更科学调控，秋冬枯水期"河床变河滩，碧水不复见"的衢江季节性断流旧景不复存在。2013年，水利部门开展信安湖水系改造提升工程，在满足防洪功能前提下，水利巧匠们建起一座"春季樱花烂漫、秋季黄金水岸"的防洪堤公园，让一座城因一个湖而生动起来。

衢州是南孔圣地、东南阙里，信安湖作为衢城核心水地标，水文化基因理应厚植于此。为此，水利部门将人文休闲等元素融入河湖治理中去。孟郊著诗念叨的浮石潭附近，建起了水文化主题公园；白居易、王安石、杨万里所吟咏的衢江被收录在公园里的衢江诗词文化长廊中；明清时的浙西水上物流集散地柴埠头复建起四喜亭码头。随着水亭门历史文化保护街区的开发，水岸联动，这里成为了衢城最热闹的网红打卡点，曾经远去的烟火气，也在江水边如昼灯火和鼎沸人潮中渐渐回归。

第二节　推动新时期水文化繁荣

习近平总书记指出："优秀传统文化是一个国家、一个民族传承和发展的根本，如果丢掉了，就割断了精神命脉。"

文化本质上是一个民族穿行于历史的长河、历经岁月的洗礼与沉淀而始终能够保持自我认同的精神居所。文化形态是具体的、流动的、变化的，文化发展是信安湖文化能够适应时代变迁和社会需求的关键，也是实现文化繁荣的必由之路。

信安湖文化是有历史底蕴和独特魅力的地方文化。近年来，衢州深入挖掘和传承区域水文化核心价值观，意图让信安湖水文化在当代社会焕发新的生机与活力。一方面，通过创新方式，将信安湖水文化与现代科技、新媒体等因素相结合，吸引更多年轻人参与到信安湖文化的传承与发展中来；另一方面，处理好信安湖水文化传承与发展的关系，守正而不守旧、尊古而不复古，以此推动新时代信安湖文化的繁荣。既坚持对信安湖文化传统的尊重和保护，以确保文化传统的延续性，也积极推动信安湖文化的创新和发展，拓展其内涵，使之适应新时代的需要。

与此同时，因具有深厚的文化底蕴和独特的地理优势，衢州正致力于打造新时代的文化高地。具体为着力推进南孔文化建设、烂柯山世界围棋文化园建设；深化文化基因解码工程，加快培育衢江姑蔑文化、清漾毛式文化、龙游商帮文化等7个文化基因解码成果转化利用；加快推进系列博物馆建设，实施文博场馆景区化建设，争创国家3A级以上旅游景区；推动新时代文艺精品创作工程，全力打造一批国家级、省级奖项的优秀作品，达到以精品佳作促文旅融合的目标。

第三节　幸福河湖助推共同富裕

一、信安湖的绿色发展之路

衢州人深刻认识到，只有保护好河湖的自然美，才能让市民拥有真正的归属感和获得感。因此，衢州不仅实现了河湖的"全域美丽"，还全力打造幸福河湖，让碧水成为城市生活中不可或缺的一部分。

2019年，衢州启动了"衢州有礼"诗画风光带的建设，以"一江两港三溪"

为脉络，融合沿江公路和绿道等特色资源，致力于在美丽的自然风光中融入更多文化元素和生活气息，围绕"美丽、活力、智慧"三大主题，打造青山绿水间的诗意江南生活方式，以山为倚，以水为魂，以田为基，以林为韵，以村镇为景，打造"南孔神韵·康养运动活力带""钱江源·生态慢城休闲带"和"百里须江·全域旅游风情带"，形成3条风光带、6大样板区、18个特色点、18组美丽乡村群的总体格局。这一举措不仅美化了城市环境，更为市民提供了丰富的休闲体验，让衢州成为了诗画浙江大花园中的璀璨明珠。

在推动经济高质量发展的同时，衢州坚定践行"绿水青山就是金山银山"的发展理念，以碳账户建设推动"双碳"目标实现，努力在低碳排放和发展高质量经济之间找到平衡。四省边际共同富裕示范区建设的推进，标志着衢州在绿色发展之路上又一次走在了前列。

二、信安湖的文化自信之路

物质文明的富裕为共同富裕奠定了基础，而精神文明的富有则为其注入了灵魂。信安湖致力于通过"有礼"这一核心价值观，凝聚人心、引领文明创建、塑造城市形象、优化基层治理，并赋予文化新的时代内涵。

南孔祭典等国家级非物质文化遗产的连续举办，以及与北孔文化的交流合作，凸显了衢州在文化自信上的不懈努力。古城修复和文化旅游区的升级，使得儒学文化产业园成为国家级文化产业示范园区，"烂柯杯"等高水平的围棋赛事，更是提高了衢州的知名度和影响力。

文旅融合的深入发展，使得信安湖成为了国家级景区，并打响了"南孔圣地·衢州有礼"的城市品牌，实现了品牌价值的显著提升。"八个一"有礼行动，提炼和弘扬了"崇贤有礼、开放自信、创新争先"的人文精神，信安湖畔这座千年古城，正在以其独特的文化软实力和精神文明建设，迎来新的飞跃。

当前，信安湖（图22-1）正以建设四省边际共同富裕示范区为目标，全力打造一个高质量发展、高标准服务、高品质生活、高效能治理、高水平安全的中心城市。展望未来，信安湖将持续释放改革创新动能，彰显绿水青山的价值，满足人民对美好生活的向往。在水生态文明建设之路上，以人文复兴推动文化自信，书写"水文化之魂"的新时代画卷，向着宏伟蓝图继续迈进。

三、信安湖的共同富裕之路

信安湖正走在一条将幸福河湖与共同富裕相结合的特色发展之路上。积极建设人文和谐滨水风情亲水网，河岸贯通成廊，绿道沿线植被茂盛，一步一景，形成南孔、渡口、航运、红色、农耕、商业、诗路等文化元素的亲水景观带，

图 22－1　信安湖沿岸风景

构建了一幅幅城市与城市、城市与乡村、城市与田园的融合产业全域旅游风景画。

依托丰富的水资源，以水为魂，逐步建立起涵盖三大产业的水产业体系，推动文旅产业、高新技术、现代工业、农业观光体验、农文旅和工业旅游融合产业等的数智产业打造，不仅美化了湖区环境，还创造了新的经济增长点，助力城市复兴与共同富裕。

以兴水富民为发力点，集中连片统筹规划，全力推进水域岸线同治，使美丽河湖迭代升级为幸福河湖，打造以水为媒推进共富发展的示范样板。在水资源调度、防洪保安、民生保供上持续发力，不断增强区域的防洪保安能力，实现衢水安澜；通过数字化信安湖建设，持续回应民生关切，坚持水为民利。以水为引助力"工业强市"，为工业园区提供充足水资源保障；以水为媒撬动文旅发展，全面提升国家水利风景区建设，进一步擦亮衢城这张耀眼的滨水名片；全面打响水文化品牌，在水文化遗产调查基础上，加快创建一批水文化遗产互动体验点、出版一本水文化研究文集、推进一批水文化遗产抢救性发掘与保护。

信安湖周边还致力于建设现代化、国际化的未来乡村，满足人民对美好生活的向往。通过实施第一批集"自然味、烟火味、人情味、生活味、乡韵味、人文味、农业味、诗画味、科技味"于一体的现代化、国际化未来乡村建设项目，常住人口的人均可支配收入和村集体经营性收入均实现了显著增长。

在全省推进高质量发展的强劲风口，信安湖建设跳出水利，放大格局，以水作笔，以服务城乡发展为墨，历十年擘画一幅凸显水优势、打响水品牌、变水生态优势为水产业优势的"共富"图景。

参考文献

［1］　《浙水遗韵》编委会. 源起衢州［M］. 杭州：杭州出版社，2022.

［2］　崔铭先. 赵抃［M］. 杭州：浙江文艺出版社，2009.

［3］　黄韬. 巍巍千年：衢州城墙［M］. 北京：商务印书馆，2015.

［4］　徐为全. 赵抃故事与诗选［M］. 杭州：浙江文艺出版社，2009.

［5］　徐晓琴. 樟树潭［M］. 北京：现代出版社，2015.

［6］　刘国庆，陈定謇. 信安湖诗选［M］. 北京：中国文史出版社，2014.

［7］　蒋剑勇. 河塘湖库水文化［M］. 北京：中国水利水电出版社，2019.

［8］　李吉安. 瀫水吟波：衢州水文化［M］. 北京：商务印书馆，2015.

［9］　浙江省衢州市水利志编纂委员会. 衢州市水利志［M］. 北京：中国文史出版社，2016.

［10］　徐宇宁. 衢州简史［M］. 杭州：浙江人民出版社，2008.

［11］　景立鹏. 博物志与时光书的变奏：衢州诗群阅读札记［J］. 天津诗人，2022（1）.

［12］　文娜. 跟着镜头游诗路：品"南孔圣地·衢州有礼"［J］. 浙江经济，2022（7）：37-39.

［13］　陆星雨. 基于诗歌地理意象的文旅开发新思路：以常山"宋诗之河"为例［J］. 消费导刊，2021（13）：54-55.

［14］　陈生庚，田伟，王国栋. 绿水青山石梁镇 花海橘韵"后花园"：浙江省衢州市石梁镇着力建设美丽乡村记事［J］. 中国建筑装饰装修，2018（6）：20-28.

［15］　柴秀秀，冯洁. 南孔古城：让南孔文化重重落地 擦亮"有礼"城市品牌［J］. 浙江经济，2022（7）：30-33.

［16］　邱高兴，黄成蔚. 南孔文化的弘扬与区域共富［J］. 浙江经济，2022（7）：24-26.

［17］　衢州市发展和改革委员会. 品古城韵味 谱新市华章 高水平推进钱塘江诗路文化带建设［J］. 浙江经济，2023（5）：28-29.

［18］　浙江省发展和改革委员会. 衢州，一个有诗、有礼的地方［J］. 浙江画报，2022（2）：6.

［19］　陈定謇. 诗成花覆帽 酒列锦成围：薛昂夫和衢州元统雅集［J］. 渤海学刊，1992（2）：100-103.

［20］　蒋明，冯洁，徐家钶，等. 天台：从"诗路文化"走向"诗路经济"［J］. 浙江经济，2021（4）：28-29.

［21］　邱勇俊，葛燕. 文脉绵延显优势 有诗有礼看衢州［J］. 浙江经济，2022（7）：20-23.

［22］ 车小磊，王慧，梁晨. 大力弘扬新时代水利精神［J］. 中国水利，2019（4）：13.

［23］ 顾希佳，李维松，吴桑梓，等. 那些流传至今的钱塘江风俗［J］. 杭州（党政刊B），2017（14）：29-31.

［24］ 蒋磊，冯铁山. 水善利万物而几于道：《一滴水经过丽江》中的道家思想解读［J］. 读写月报（语文教育版），2023（15）：44-47.

［25］ 郦道元. 水经注［M］. 北京：商务印书馆，1958.

［26］ 祝穆. 新编方舆胜览［M］. 影印本. 上海：上海古籍出版社，1986.

［27］ 钱塘江志编纂委员会. 钱塘江志［M］. 北京：方志出版社，1998.

［28］ 郑永禧. 衢县志［M］. 影印本. 台北：成文出版社有限公司，1983.

［29］ 刘勰. 文心雕龙［M］. 上海：上海古籍出版社，2010.

［30］ 杨廷望. 衢州府志［M］. 影印本. 台北：成文出版社有限公司，1975.

［31］ 衢州市地方志编纂委员会. 衢州市志（1985—2005简本）［M］. 北京：方志出版社，2016.

［32］ 刘义庆. 世说新语［M］. 上海：新文化书社，1934（民国二十三年）.

［33］ 陈鹏年，徐之凯. 西安县志［M］. 刻本. 北京：全国图书馆缩微文献复制中心，1992.

后记

想整理出版一本有关信安湖水文化的书籍这一想法由来已久，一方面是源于 10 多年的信安湖管理实践中接触到了大量的有关信安湖物质、制度和精神方面水文化资料，特别是在浮石水文化展示馆至塔底枢纽生态绿道建设过程中挖掘收集整理了沿岸大量的水文化历史遗迹、红色故事及精美传说，其丰富的形态内涵使我深深入迷；另一方面是源于信安湖创造性保护开发与创新性建设转化思想的辩证统一，历史责任感使然。既使历史沉淀的信安湖厚重水文化历史遗迹得以重现，也使水文化蕴含的时代价值得以传承和发扬，以水文化引领信安湖城市风貌首展带的保护开发建设，打造"城市阳台""信安十景"，使信安湖成为衢州人民的"西湖"，促进钱塘江源头全域幸福河湖建设，推动新时代国家水利风景区高质量发展。

本书参考了《衢州市水利志》等大量的文献史料，反复讨论确定章节大纲，数易其稿，总想使此书"纳百川、罗万象"，全书字数从最高峰时的近 40 万字精简到如今的约 25 万字。根据有关专家学者的建议，将此书正式定名为《潆水如蓝——信安湖水文化概览》。全书从物质形态水文化、制度形态水文化、精神形态水文化和水文化传承发展作分类介绍，在本书编撰过程中，得到了省资深水文化研究专家方自亮的指导，戴如祥、李吉安等老师提供大量宝贵的基础研究资料并提出了不少宝贵的意见和建议。本书所引用的图片，除部分自己拍摄的以外，其他引用许军等摄影师公开的优秀作品，全部著录于参考资料中，在此一并表示感谢。

祝世华

2023 年 12 月 5 日